RAOUL U. DEUBLER

Kreuz und Quer

Eine Expedition durch Mathematik und Geometrie

Springer Fachmedien Wiesbaden GmbH

Das Werk erscheint als Gemeinschaftspublikation im Friedr. Vieweg Verlag und im VEB Fachbuchverlag Leipzig und ist urheberrechtlich geschützt.

Vertriebsrechte für die sozialistischen Länder:
VEB Fachbuchverlag Leipzig

ISBN 978-3-528-08916-0   ISBN 978-3-322-85830-6 (eBook)
DOI 10.1007/978-3-322-85830-6
© 1987 Springer Fachmedien Wiesbaden
Ursprünglich erschienen bei von Friedr. Vieweg & Sohn Verlagsgesellschaft mbH., Braunschweig/
VEB Fachbuchverlag Leipzig 1987
Gesamtherstellung: Druckhaus Ausfwärts, Leipzig III/18/20-465/86

INHALTSVERZEICHNIS

EINLEITUNG

Kapitel 1

Es geht auch ohne Algebra und Formeln 7

ABSCHNITT A 8

1. Eine großzügige Geste 9
2. Der Wolf, der Ziegenbock und der Kohlkopf 9
3. Wer ist wer? 10
4. Der gefangene Nils 11
5. Die drei Hofnarren Karls des Großen 12
6. Ein schlechter Scherz 12
7. Eine gelungene Überfahrt 13
8. In aussichtsloser Lage 14
9. Auf hoher See 14
10. Trennt die Störche von den Fröschen 14
11. Wie viele Mäuse sind im Käfig? 15
12. Kein Problem für helle Köpfe 15
13. Ein kleiner Test 16
14. Auf einen Streich 16
15. Es ist gar nicht so schwer 17
16. Eine Zahl soll erraten werden 17
17. Eine ganz besondere Statue 17
18. Der Flug der Biene 18
19. Die zwei Motorräder 19
20. Ein Schachbrett soll zusammengesetzt werden 19

ABSCHNITT B 21

21. Eine alte Kette 22
22. Wie soll man's machen? 22
23. Wie viele Bleitäfelchen? 22
24. Wie alt war der Biologe? 23
25. Apfelmus und Äpfel 23
26. Toastbrote 24
27. Wer weiß es? 24
28. Wieviel kostet der Käse? 24

29. Der geplatzte Reifen 24
30. Eine Altersbestimmung 25
31. Eine große Familie? 25
32. Gleich und gleich gesellt sich gern 25
33. Das Treppenhaus 25
34. Wieviel kostet die Flasche? 26
35. Eine umständliche Angelegenheit 26
36. Wie viele Zinnsoldaten? 27
37. Eine gelungene Teilung? 27
38. Die zwei Schäfer 28
39. Im Gesangverein 29
40. Ein gewitzter Kapitän 29
41. Vier Röhren 30
42. Zuviel bezahlt? 30
43. Gewichtsprobleme 31
44. Eine anpassungsfähige Zahl 32
45. Welche Farbe hat der Bär? 32
46. Die Stunde schlägt die Taschenuhr 32
47. Die Eisenbahner 33
48. Die drei Männer 33
49. Wie lang war der Eisenbahnzug? 34
50. Sechs Pfund Mehl 34

Kapitel 2

Mal so, mal so! 35

51. Die vier Lieferanten 36
52. Das Gefängnislabyrinth 36
53. Eine gerechte Belohnung? 37
54. Der faule Gerber 37
55. Hermann und die Käse 38
56. Die Lokomotive kommt zum Schluß 38
57. Acht Liter Wein 38
58. Blaue und weiße Kampfhähne 39
59. Mal länger, mal kürzer 40
60. Wie viele Äpfel? 41
61. Steckbrief einer natürlichen Zahl 41
62. Ein spannendes Rennen 41
63. Eine verwirrende Sache 42
64. Der gestreßte Lokführer 42
65. Briefmarken werden getauscht 43

Kapitel 3

Gut gedacht ist halb gelöst! 44

66. Wem gehört das Auto? 45
67. Der Frosch 45
68. Falschmünzerei 46
69. Eine »unmögliche« Sache 46
70. Wieviel wiegt das Pferd? 47
71. Wer fuhr mit dem Fahrrad? 48
72. Ein gutes Geschäft 48
73. Ein ungewöhnlicher Tausch-
    handel 49
74. Drei fleißige Nager 49
75. Eine runde Sache 50

Kapitel 4

Schwierigkeiten treten auf? 52

76. Unmöglicher Auftrag? 53
77. Ein biologisches Problem mathe-
    matisch betrachtet 53
78. Zinnsoldaten 54
79. Mathematiker in der Mathe-
    matik 54
80. Die kleinste Stadt der Welt 55
81. Wir bauen an 55
82. Rechnungen sind zu rekonstruie-
    ren 55
83. Schwierige Lagen 56
84. Einsatz ist alles 57
85. Jetzt wird gerechnet 58

Kapitel 5

Der Weisheit letzter Schluß! 59

86. Achilles und die Schildkröte 60
87. Von 0 bis 9 60
88. Kurioses Multiplizieren 61
89. Ein unerklärtes Phänomen 62
90. Ein Spiel 62

Kapitel 6

*Mathematik zum Spielen, mit
Spielen!* 65

ABSCHNITT A 66

91. Der kluge Paladni 67
92. Das verrückte Rössel 68
93. Ein unmögliches Vorhaben? 69
94. Ein Rösselturnier 69
95. Die zwei Könige – Ein unlösbares
    Problem? 70

ABSCHNITT B 71

96. Wir beginnen mit Einfachem 72
97. Streichholzmathematik 72
98. Kleine Sprünge, die es in sich
    haben 73
99. Geometrie mit Streichhölzern 73
100. Streichhölzer werden »geteilt« 76
101. Zwei Quadrate sollen entstehen 77
102. Und noch einmal 77
103. Das Häuschen 78
104. Der Springbrunnen 78
105. Streichhölzer sollen weggenommen
     werden 79
106. Das »Gitter« 79
107. Gerade oder nicht? 80
108. Der Bauernhof 80
109. Wir erweitern 81
110. Ein Quadratmeter Streichhöl-
     zer 81

ABSCHNITT C 82

111. Das Dominospiel 83
112. Eine klare Sache 84
113. Addieren mit Dominosteinen 84
114. Es geht auch anders 85
115. An jeder Seite gleich 86
116. Sieben kleine Brunnen 86
117. 200 Dominosteine 86
118. Multiplizieren mit Domino 87
119. Magische Quadrate mit Domino 88
120. Eine hohe Treppe 89

LÖSUNGEN 90

QUELLENVERZEICHNIS 179

4

Lieber Leser!

Das vorliegende Buch »Kreuz und Quer« beinhaltet 120 Knobeleien und mathematische Denksportaufgaben. Obwohl durch das Buch mathematisches Verständnis gefördert und das Interesse an rechnerisch zu lösenden Problemen geweckt werden soll, ist es kein Lehrbuch. Im besten Falle könnte man die Probleme und deren Lösungen als »Angewandte Mathematik« bezeichnen, die einzig dazu dienen soll, die Konzentrationsfähigkeit und das logische Denkvermögen zu fördern oder zu entfachen. Wenn dies durch die Aufgaben erreicht wurde, so hat das Buch seinen Sinn nicht verfehlt.

Falls das eine oder andere Problem noch nicht gelöst werden kann, sollte man zu anderen Aufgaben übergehen. Hat man sich jedoch anders entschieden, darf die Lösung im Lösungsteil verfolgt werden. Ich habe diesen Lösungsteil absichtlich sehr ausführlich gestaltet, damit der Rater den Weg zur richtigen Lösung erkennen und nachvollziehen kann. Viele Zusammenstellungen von lehrreichen und fesselnden Aufgaben verlieren dadurch ihre Wirkung, daß der gescheiterte Rätsellöser mit nicht genau zu rekonstruierenden Lösungsteilen in seinem Spürsinn und seiner Findigkeit gehemmt oder nicht weiterentwickelt wird.

Da der Grundgedanke vieler Probleme schon uralt ist, wurden einige dieser Aufgaben in eine zeitgemäße Form umgearbeitet. Aus diesem Grunde ist das Buch für einen breiten Leserkreis gut geeignet, denn alle Aufgaben sind durch Logik, Allgemeinwissen und mit geringen mathematischen Kenntnissen zu bewältigen. Die Illustrationen im Buch sollen veranschaulichen und den Spaß beim Denken erhöhen, denn Spaß und Denken sollten, solange das Buch gelesen wird, nicht versiegen. Aus diesem Grund versorgen Sie sich mit Bleistift und Papier und begeben Sie sich auf die Expedition durch Mathematik und Geometrie!

Viel Erfolg beim Knobeln wünscht
der Verfasser!

KAPITEL 1

Es geht auch ohne Algebra und Formeln

(Aufgaben, bei denen man nur nachdenken muß!)

ABSCHNITT A

Lieber Leser! Wer sich diesem ersten Abschnitt des Buches zuwendet, braucht keineswegs zu befürchten, daß nun die schwersten mathematischen Geistesprüfungen auf ihn zukommen. Im Gegenteil! Dieser erste Abschnitt enthält ausschließlich Aufgaben, die von mathematisch und rechnerisch Ungeschulten ebenso leicht (oder auch schwer) gelöst werden können wie von naturwissenschaftlichen Geistesgrößen.
Wenn man also nach diesem Abschnitt glaubt, sich Schwierigerem zuwenden zu können, haben diese Aufgaben ihren Sinn nicht verfehlt.
Ich wünsche viel Spaß beim Lesen und viel Erfolg!

1. Eine großzügige Geste

Wer das Buch »Münchhausen« von Gottfried August Bürger gelesen hat, weiß, wie es um den Wahrheitsgehalt der Erzählungen jenes Freiherrn von Münchhausen bestellt ist. Münchhausen, welcher wußte, daß er bei vielen Leuten nur unter dem Namen »Der Lügenbaron« bekannt war, machte sich des öfteren einen Spaß daraus, den Zweiflern unter seinen Zuhörern die Richtigkeit der unglaubwürdigsten Geschichten zu beweisen. So tischte er eines Abends seinen Gästen folgende Geschichte auf: »Eines Tages ging ich aus, um meine neue Jagdflinte auszuprobieren. Als ich meinen Vorrat an Hagel schon ganz und gar verschossen hatte, stieg plötzlich vor meinen Füßen eine Flucht Hühner auf. Ich lud hurtig meine Flinte und legte statt des Schrotes meinen Ladestock auf. Dann ging ich auf die Hühner zu und drückte ab. Kurz darauf hatte ich das Vergnügen zu sehen, wie mein Ladestock, geziert mit sieben Stücken, langsam zur Erde herab sank. Ich verwahrte nun alle sieben Hühner in meinem Wildsack und machte mich auf den Weg. Eine Meile vor meinem Haus traf ich dann auf eine Gruppe von sieben Hungerleidern, welche mich sämtlichst um ein Almosen baten. Ich fühlte Mitleid, griff in den Sack und gab jedem der Leute ein Huhn. Als ich danach jedoch in meinen Wildsack schaute, stellte ich angenehm überrascht fest, daß sich noch ein Huhn im Sack befand. Dazu muß ich aber sagen, daß vor meinem verwegenem Schusse auf die sieben Hühner der Wildsack sich gänzlicher Leere erfreute.«
»Aber, aber«, riefen da die Zuhörer, »das klingt doch höchst unwahrscheinlich. Es kann doch gar nicht möglich sein, daß nach der Verteilung der sieben Hühner noch eines im Wildsack war, wenn die Anzahl der im Sacke liegenden genau sieben war!«
»Aber sicherlich«, antwortete ihnen daraufhin lächelnd Münchhausen, »Sie haben nur nicht nachgedacht!«, und er bewies seinen Gästen, daß er die Wahrheit gesagt hatte.
Wie hatte Münchhausen die Hühner verteilt?

2. Der Wolf, der Ziegenbock und der Kohlkopf

In einem Märchen wird erzählt, daß ein alter Bauer, der zum Markt gehen wollte, um dort einen Wolf, einen Ziegenbock und einen Kohlkopf zu verkaufen, an einen Fluß gelangte und übersetzen mußte. Er fand zu seinem Glück am Ufer des Flusses einen alten Kahn vor, in dem aber nur der Bauer und mit ihm entweder der Wolf oder der Ziegenbock oder der Kohlkopf Platz hatten. Nun war guter Rat teuer, denn der Bauer konnte den Wolf nicht mit dem Ziegenbock allein zu-

rück lassen, da der Wolf den Ziegenbock nur allzugern gefressen
hätte. Ebensowenig konnte der Ziegenbock mit dem Kohlkopf allein
gelassen werden, denn des Ziegenbockes Leibspeise waren Kohl-
köpfe.
Der alte Bauer überlegte lange hin und her und fand schließlich doch
noch eine Möglichkeit, trotz dieser widrigen Umstände den Ziegenbock, den Wolf und den Kohlkopf nur mit Hilfe des alten Kahns an das
andere Flußufer zu bringen. Wie machte er das?

3. Wer ist wer?

In einem indischen Tempel standen vor vielen Jahrhunderten nebeneinander drei Standbilder. Diese Standbilder stellten den Gott der
Wahrheit, den Gott der Lüge und den Gott der Diplomatie dar. Obwohl die dargestellten Götter durch ihre Abbilder mit den Menschen
sprechen konnten, wußte man lange Zeit nicht, welcher Gott durch
welches Standbild verkörpert wurde. Die Ursache dafür war, daß jeder der drei Götter eine ihn charakterisierende Eigenschaft besaß.
Der Gott der Lüge beantwortete jede Frage, die man an ihn richtete,
immer falsch. Der Gott der Wahrheit gab prinzipiell richtige Antworten, und der Gott der Diplomatie vereinigte diese beiden Eigenschaften in sich, indem er einmal log und ein anderes Mal die Wahrheit
sagte. Die Ungewißheit über die Götter wurde jedoch eines Tages

10

durch einen weisen Inder beseitigt. Er ging in den Tempel und fragte das erste Standbild: »Wer steht neben dir?« Der Götze antwortete: »Der Gott der Wahrheit!« Auf die Frage an das zweite Standbild: »Wer bist du?«, erhielt der Inder die Antwort: »Der Gott der Diplomatie!« Zuletzt fragte der weise Mann das dritte Standbild: »Wer steht neben dir?« und es antwortete: »Der Gott der Lüge!«
Daraufhin konnte der weise Inder jedes der drei Standbilder richtig benennen.
Welches Standbild stellte welchen Gott dar?

4. Der gefangene Nils

Nils Holgerson, ein Junge, der wegen seiner üblen Streiche von einem Wichtelmännchen in einen winzig kleinen Buben verwandelt wurde, hatte mit seinem Hamster Krümel und dem Gänserich Martin viele spannende Abenteuer zu bestehen. Eines davon soll hier näher beschrieben sein. Ein Insektenforscher fing eines Tages den kleinen Nils mit seinem Schmetterlingsnetz und sperrte ihn, da er glaubte, eine ganz besondere Art von Käfer erhascht zu haben, in einen größeren Käfig. Nun war der Forscher jedoch ein alter Mann, der viele Dinge, ob wichtig oder unwichtig, einfach vergaß. So fiel ihm auch nicht auf, daß in dem Käfig, in welchem er Nils gefangen hielt, noch eine Orange lag. Als der alte Forscher sich nun in Bewegung setzte, um weitere Insekten zu fangen, begann die Orange im Käfig hin und her zu rollen. Der arme Nils hatte seine gute Not, denn die Orange war groß genug geraten, um ihn zu erdrücken. Nach oben klettern konnte Nils nicht, da die Wände des Käfigs zu glatt waren. Er mußte der Frucht also ständig ausweichen, um nicht getötet zu werden. Nach einiger Zeit wurde Nils müde und gab schon jede Hoffnung auf, als ihm doch noch der rettende Gedanke kam. Wie konnte Nils sich in Sicherheit bringen? Nachdenken ist alles!

5. Die drei Hofnarren Karls des Großen

Im Mittelalter war es Sitte, daß jeder König, der etwas auf sich und seinen Hofstaat hielt, einen Spaßmacher an seine königliche Tafel holte. Dieser Narr mußte dann die Gäste und Höflinge unterhalten. Karl der Große soll, so wird berichtet, sogar drei Hofnarren in seinem Palast beschäftigt haben.

Nach einem besonders langen Fest, auf welchem diese drei Narren mehr Späße als üblich gemacht hatten und deshalb mitten im Festsaal eingeschlafen waren, kam der König auf die Idee, auch einmal mit jenen dreien Schabernack zu treiben. Er nahm ein Stück Kohle und schwärzte den Narren die Gesichter. Danach versteckte er sich hinter einem Vorhang und klingelte leise mit einem Glöckchen. Als die drei Spaßmacher daraufhin erwachten, sahen sie ihre schwarzen Gesichter und begannen zu lachen, denn jeder der drei glaubte, daß sein Gesicht sauber sei und irgendein Spaßvogel den beiden anderen die Gesichter bemalt hätte und diese beiden sich nun gegenseitig auslachten.

Es dauerte eine ganze Weile, bis einer der Hofnarren erschrocken innehielt, weil er erkannt hatte, daß sein Gesicht ebenfalls geschwärzt sein mußte.

Was hatte der Hofnarr gedacht?

6. Ein schlechter Scherz

Im 18. Jahrhundert war es in den deutschen Kleinstaaten üblich, Menschen wegen kleinster Vergehen hart zu bestrafen. Dabei erfreute sich das Rädern und Enthaupten bei den Zuschauern besonderer Beliebtheit. Um diese Zeit war es auch, daß zu Köln ein Eierdieb hingerichtet werden sollte, weil er 500 Eier gestohlen hatte. Da dieser Eierdieb aber ein ganz besonders großer Spaßvogel war und die Leute der Stadt mit seinen Narreteien oftmals zum besten gehalten hatte, hegten die Richter großen Groll gegen ihn. Sie beratschlagten, was zu tun sei und kamen überein, daß der Verurteilte zu erraten habe, welchen Tod er sterben müßte.

Am Tage der Hinrichtung also stellten die Richter dem armen Tropf folgende Aufgabe:

»Verbrecherischer Eierdieb! Du sollst nun erraten, ob dir das Enthaupten oder das Rädern bevorsteht. Trifft deine Aussage zu, so wirst du enthauptet. Trifft sie jedoch nicht zu, werden wir dich rädern!« Der Eierdieb, der ein großer Schlauberger war, spitzte bei diesen Worten die Ohren. Hier schien ihm eine Möglichkeit der Rettung nahe zu sein

und richtig, nach einigem Überlegen antwortete er derart, daß die Richter gezwungen waren, ihm die Freiheit zu schenken.
Wie hatte der Verurteilte den Richtern geantwortet?

7. Eine gelungene Überfahrt

Als die Römer in Germanien eingefallen waren, machten sie am Rhein halt. Um diese Zeit war es auch, daß drei von ihnen in germanische Kriegsgefangenschaft gerieten. Diesen dreien gelang durch glückliche Umstände die Flucht. Um zu ihren Legionen zurückzukehren, mußten sie jedoch über den Rhein. Nachdem sie sich an das Ufer gepirscht hatten, stellten sie fest, daß es keine Brücke gab. Da keiner von ihnen schwimmen konnte, blieb nichts anderes übrig, als zu warten. Einige Stunden später schwammen zwei römische Kinder auf einem winzigen Floß an ihnen vorbei. Diese erklärten sich natürlich sofort dazu bereit, den Soldaten zu helfen. Das Problem war nur, daß das Floß entweder einen Erwachsenen oder zwei Kinder tragen konnte. Die Lage erschien aussichtslos, bis einem der Soldaten die rettende Idee kam, durch welche doch noch alle Erwachsenen und die beiden Kinder mit Hilfe des kleinen Floßes an das gegenüberliegende Ufer gebracht werden konnten.
Wie war diese Überfahrt möglich?

Wem die gedankliche Lösung zu schwer fällt, der kann sich die Situation mit verschiedenen Hilfsmitteln (Streichhölzer, Reißzwecken oder anderem) nachstellen.

8. In aussichtsloser Lage

In einer alten Geschichte wird erzählt, daß ein Verurteilter, der vor seiner Hinrichtung stand, eine letzte Möglichkeit erhalten sollte, sein Leben zu retten. Die Richter fertigten zwei Papierröllchen an, auf denen einmal »tot« und einmal »lebendig« geschrieben stand. Der Gefangene mußte nun vor der Hinrichtung eines dieser Röllchen ziehen. Würde auf dem gezogenen Papier das Wort »tot« stehen, so hätte er sein Leben verwirkt. Stünde jedoch »lebendig« darauf, so wollte man ihm die Freiheit schenken. Da die Richter jedoch unbedingt den Tod des Sträflings wollten, schrieben sie auf beide Papierröllchen das Wort »tot«.
Über einen Freund erfuhr der Verurteilte von dieser Intrige, und er überlegte, wie er den hinterhältigen Plan der Richter zunichte machen könnte. Als er am nächsten Tag vor dem Scharfrichter stand und das Röllchen zu ziehen hatte, wußte er, was er machen mußte, um seine Freiheit zu erhalten.
Was tat der Verurteilte? Was war ihm eingefallen?

9. Auf hoher See

Ein großer Öltanker liegt bei Ebbe nicht weit vor der Küste vor Anker. Von seiner Bordwand hängt eine lange Strickleiter herunter, deren Sprossen einen Abstand von 40 cm voneinander haben. Diese Leiter berührt mit der vierten Sprosse von unten die Wasseroberfläche. Da beginnt die Flut, und das Wasser steigt in jeder Stunde um 18 cm. Wie viele Sprossen sind nach vier Stunden vom Wasser überflutet, wenn jede Sprosse eine Dicke von 2,5 cm hat?
Man überlege genau und lasse sich nicht ins Bockshorn jagen!

10. Trennt die Störche von den Fröschen

Störche fressen Frösche, das weiß jedes Kind. Die Frösche auf unserem Bild haben leider keine Möglichkeit davonzuhüpfen. Man kann den Fröschen jedoch helfen, indem man die Störche mit nur vier Geraden von den Fröschen trennt.
Ist dies zu schaffen?

11. Wie viele Mäuse sind im Käfig?

Bei dieser Aufgabe darf man gar nicht lange überlegen. Man stelle sich vor, daß einige Mäuse in eine Falle geraten sind. Wenn in jeder der vier Ecken der Falle eine Maus sitzt und jeder Maus drei Mäuse gegenüber sitzen, wobei auf dem Schwanz jeder Maus eine Maus sitzt, wie viele Mäuse sind dann wohl in die Falle geraten?
Wer sagt es schnell?

12. Kein Problem für helle Köpfe

Zwei Jungen sitzen am Ufer eines Flusses und angeln. Da sehen sie, wie ein alter Mann in einem Boot an ihnen vorbeitreibt.
»Siehst du!«, sagt da der eine Junge zu seinem Freund, »allein daß ich weiß, wie schnell der Wind heute weht, genügt mir, um zu wissen, wie schnell der alte Mann in seinem Boot vorwärts kommt.«

»Das glaube ich dir nicht!« bezweifelt da der Freund die Aussage seines Kameraden.

»Doch, doch!«, kontert der andere, »du hast nur nicht richtig hingeschaut.«

Wenn man die Abbildung genau betrachtet, kann man feststellen, ob der kleine Angler mit seiner Behauptung recht hatte oder nicht.

Wie schnell kam der alte Mann in seinem Boot vorwärts, wenn die Windgeschwindigkeit 15 km/h betrug?

13. Ein kleiner Test

Dies hier soll eigentlich keine Knobelaufgabe sein, sondern dient dazu, die Fähigkeit, Figuren zu erkennen, zu prüfen. Man soll so schnell wie möglich die Anzahl der Dreiecke, die in der dargestellten Figur enthalten sind, auszählen.

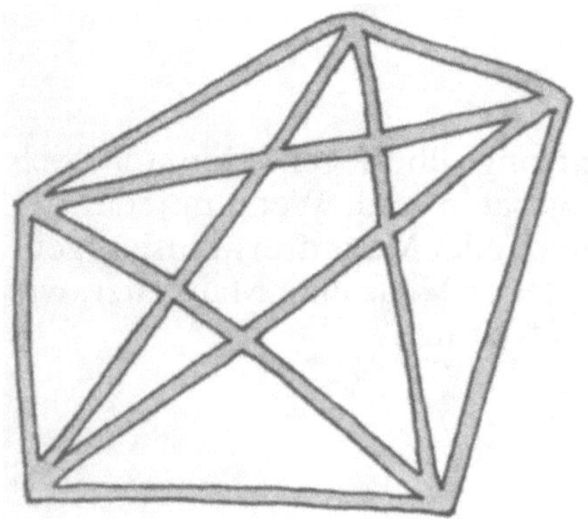

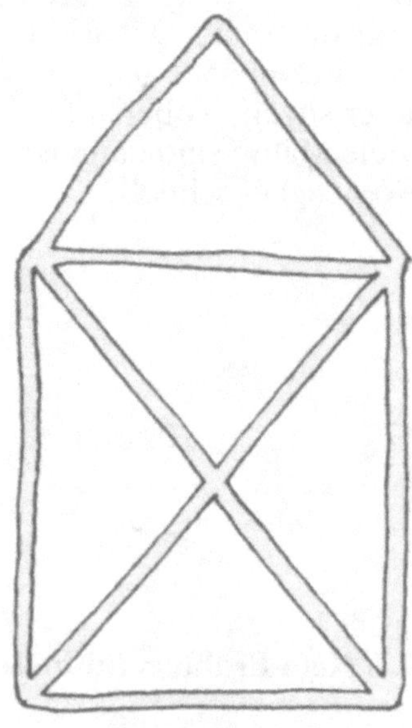

14. Auf einen Streich

Die nun folgende Aufgabe ist schon sehr alt. Es gilt, das Haus vom Nikolaus in einem Stück nachzuzeichnen, ohne daß sich die Linien mehr als einmal kreuzen. Es gibt viele Möglichkeiten. Mindestens drei von ihnen sind aufzuzeichnen.

16

15. Es ist gar nicht so schwer

Diese Knobelei ist eigentlich mit der Aufgabe 14 verwandt. Nur sollen hier 9 Punkte, die ein Quadrat ergeben, mit 4 Geraden verbunden werden. Bedingung ist wieder, den Bleistift nicht abzusetzen.

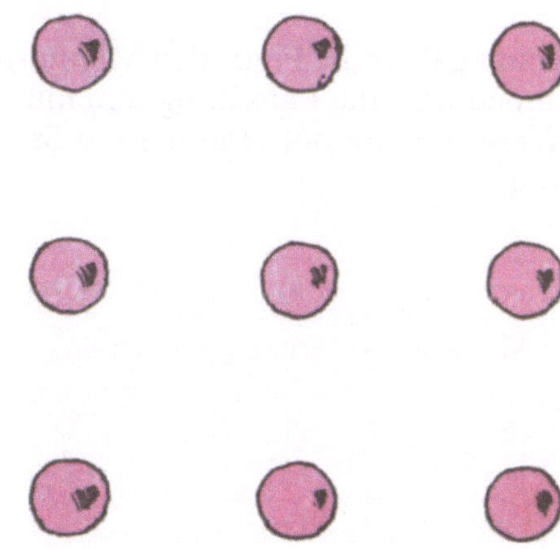

16. Eine Zahl soll erraten werden

Es klingt unglaublich, aber es stimmt. Man kann mit nur zehn Fragen eine beliebige Zahl zwischen 1 und 1024 erraten. Mit einem Freund oder den Eltern ist zu vereinbaren, daß sie sich eine beliebige Zahl zwischen 1 und 1024 merken. Auf Fragen darf man nur mit »Ja!« oder »Nein!« antworten. Alle werden erstaunt sein, da man tatsächlich nicht mehr als zehn Fragen benötigt. Das System, das diesem Spiel zugrunde liegt, sollte jeder selbst entwickeln. Wer es absolut nicht findet, kann im Lösungsteil nachschlagen.

17. Eine ganz besondere Statue

In das Geschäft eines Antiquitätenhändlers kamen zwei junge Männer, die eine Statue verkaufen wollten, die sie selbst in Italien ausgegraben hätten. Diese Statue, sagten sie, stelle die römische Siegesgöttin Viktoria dar, was sich aus der Gravur am Fuße der Figur ersehen ließe. Das Objekt wäre ganz sicherlich ein wichtiges historisches Dokument und sehr wertvoll.

Der Händler hörte den Männern aufmerksam zu und betrachtete die
Figur und die Inschrift, die in freier Übersetzung lautete:

VIKTORIA (gewidmet von Scipio d. J. für die Zerstörung Karthagos
im 3. Punischen Krieg Anno 146 v. u. Z.)
B. KLOPPT (Steinmetz)

Dann gab er die Figur den Männern zurück und erklärte ihnen, daß es
unbedingt eine Fälschung sein müsse.
Wieso konnte der Händler die Statue so schnell als Fälschung entlarven?

18. Der Flug der Biene

In unserer Zeichnung ist ein Blumenfeld abgebildet. Die Biene, um
die es geht, wohnt im untersten rechten Teilabschnitt des Feldes. Ihre
Aufgabe soll es nun sein, die Blumen nach Nektar abzusuchen. Dabei
darf sie nur waagerecht oder senkrecht zum Bildrand die Blumen
überfliegen – diagonal ist nicht erlaubt. Außerdem ist es verboten, ein
Feld mehr als einmal zu besuchen.

Es ist eine Möglichkeit zu finden, wie die Biene alle vorhandenen Blumen absuchen und zum Bienenstock zurückkehren kann, ohne die Felder, auf denen Spinnen abgebildet sind, zu überfliegen. Wer nicht in das Buch malen will, kann die Abbildung ganz einfach nachzeichnen.

19. Die zwei Motorräder

Man stelle sich vor, daß ein Motorrad mit einer Geschwindigkeit von 79 km je Stunde von Punkt A nach Punkt B fährt und ein zweites Motorrad mit einer Geschwindigkeit von 123 km je Stunde von Punkt B nach Punkt A fährt. Punkt A ist 450 km von Punkt C entfernt und Punkt C wiederum 330 km von Punkt B. Welchen Abstand haben die beiden Motorräder eine Stunde vor ihrem Zusammentreffen voneinander?

20. Ein Schachbrett soll zusammengesetzt werden

In einem Schachklub wollte der Leiter einer Jugendspielgruppe das Interesse seiner Schützlinge auf eine ganz eigenartige Weise prüfen. Er zerschnitt ein Schachbrett in 12 Teile und versteckte die unbeschädigten Bretter in einem Schrank. Als nun die jungen Spieler kamen, erklärte er ihnen, daß außer dem zerschnittenen Schachbrett alle anderen Bretter zur Reinigung fortgegeben werden mußten. Wenn die Kinder nun unbedingt spielen wollten, müßten sie erst das zerstörte Schachbrett wieder zusammensetzen. Die Mädchen und Buben erklärten sich natürlich sofort dazu bereit und schafften es, in wenigen Minuten die Teile zu einem vollständigen Brett zusammenzufügen. Die einzelnen Teile sind in der Abbildung dargestellt.

Die Formen zeichnet man am besten auf ein Stück kariertes Papier und versucht dann selbst, das Brett wieder herzustellen. Dabei dürfen die einzelnen Teile des Schachbrettes beliebig gedreht werden.

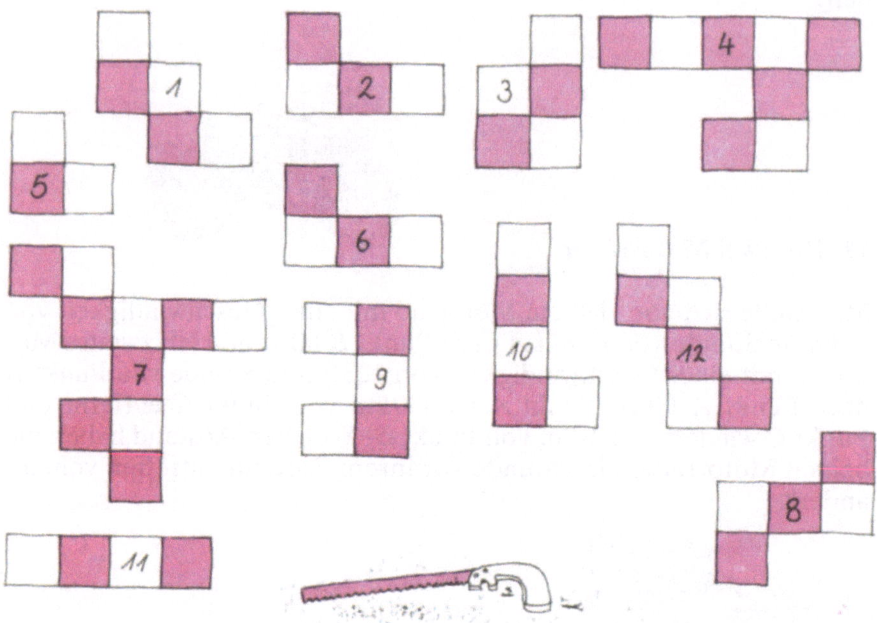

Zur Lösung dieser Aufgaben sind nur mathematische Grundkenntnisse erforderlich. Es genügt also, das Addieren, Subtrahieren, Multiplizieren und Dividieren rationaler Zahlen zu beherrschen. Sollte es unmöglich sein, einige Aufgaben zu lösen, so kann man getrost warten, bis sich das mathematische Verständnis erweitert hat. Ansonsten reicht es völlig aus, wenn genügend Geduld, Interesse und Ausdauer zum Rechnen mitgebracht wird.

21. Eine alte Kette

Ein junger Schmied sollte aus einer Kette sechs schadhafte Glieder
entfernen und die restlichen Teile zu einem Ganzen wieder zusam-
menfügen. Nachdem der Schmied die kaputten Teile der Kette her-
ausgesägt hatte, erhielt er die in der Abbildung gezeigten Teilstücke.

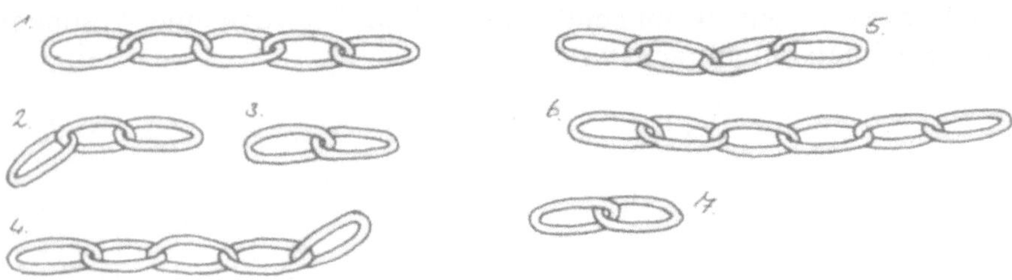

Wenn er das letzte Glied eines Teilstückes aufgesägt, mit dem ersten
Glied des nächsten Teilstückes verbunden und wieder zugelötet hätte,
würde dies zwei Arbeitsgängen entsprechen. Wollte er auf diese Weise
alle sieben Teilstücke miteinander verbinden, so wären insgesamt 12
Arbeitsgänge notwendig. Diese Anzahl erschien dem Schmied doch
recht hoch, und er überlegte, ob nicht einige Arbeitsgänge eingespart
werden könnten. Er schaffte es tatsächlich, die sieben Teilstücke mit
nur 8 Arbeitsgängen zu verbinden.
Wie war dies möglich?

22. Wie soll man's machen?

In einem viereckigen Raum sollen 10 Tische derart aufgestellt werden,
daß an jeder Seite des Raumes die gleiche Anzahl Tische steht.

23. Wie viele Bleitäfelchen?

Ein Bleischnitzer benötigt für die Herstellung einer Bleiplatte 1 kg
Blei. Daraus gießt er dann eine Platte, in die er ein Muster schnitzt.
Der dabei anfallende Abfall wiegt genau $\frac{1}{7}$ kg. Wieviel Kilogramm
Rohstoff benötigt der Schnitzer für 57 geschnitzte Bleiplatten?

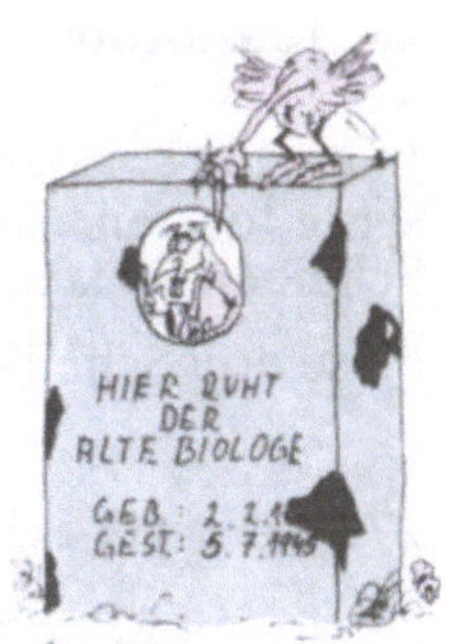

24. Wie alt war der Biologe?

Einige Schüler wollten, um ein Referat anfertigen zu können, von ihrem Lehrer das genaue Geburtsdatum eines berühmten Biologen wissen. Der Lehrer antwortete ihnen, daß der Biologe am 2. Februar geboren und am 5. Juli 1945 gestorben sei. Als die Schüler auch noch das Alter und das Geburtsjahr erfahren wollten, konnte der Lehrer sich daran nicht mehr erinnern. Er wußte nur noch, daß der Biologe im Jahre x^2 ein Alter von x Jahren hatte.

Wann wurde der Biologe geboren, und in welchem Alter verstarb er?

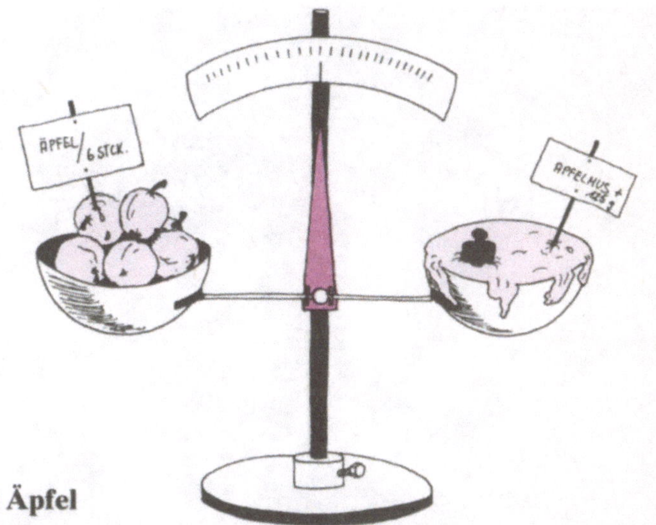

25. Apfelmus und Äpfel

Auf der einen Waagschale einer Obstwaage liegen eine bestimmte Anzahl Äpfel. Auf der anderen liegen $\frac{6}{8}$ dieser Menge, die vorher zu Apfelmus verarbeitet wurden, und 125 g. Die Waage befindet sich nun im Gleichgewicht.

Wieviel wiegt ein Apfel im Durchschnitt, wenn alle Äpfel ungefähr gleichgroß sind und sechs Stück in der Waagschale liegen?

26. Toastbrote

In einem Toaster kann man zur gleichen Zeit zwei Scheiben Brot einseitig toasten. Die Zeit dafür beträgt 40 Sekunden. Wollte man drei
Scheiben toasten, würde das 2×80 Sekunden dauern. Wie kann man
diese drei Scheiben in $\frac{3}{4}$ der Zeit fertig toasten?

27. Wer weiß es?

$\frac{1}{9}$ ist ihr Drittel. Wie groß ist das Dreifache der Zahl?

28. Wieviel kostet der Käse?

Für einen Käse bezahlt man in einem Geschäft 2,30 Mark und noch
zwei Drittel des Preises. Wieviel kostet der Käse?

29. Der geplatzte Reifen

Ein Junge fuhr aus dem Garten seiner Eltern zurück nach Hause. Als
er $\frac{3}{4}$ des Weges mit dem Fahrrad zurückgelegt hatte, platzte ihm ein

Reifen. Die restliche Wegstrecke lief er zu Fuß, wobei er sein Fahrrad
schieben mußte. Für dieses letzte Stück benötigte der Junge dreimal so
viel Zeit, wie für das Stück, das er fahrend zurückgelegt hatte.
Wievielmal so viel Zeit brauchte der Junge mehr für sein Laufen als für
das Fahrradfahren?

30. Eine Altersbestimmung

Als mein Vater gerade 3 Jahre alt wurde, war mein Großvater 45.
Heute ist mein Opa genau doppelt so alt wie mein Vater, und mein Vater ist doppelt so alt wie ich. Wie alt bin ich heute?

31. Eine große Familie?

Wenn ein Mädchen doppelt so viele Brüder wie Schwestern hat und
seine Brüder gleich viele Schwestern wie Brüder haben, wie viele Personen umfaßt dann die Familie, wenn man den Vater und die Mutter
noch dazuzählt?

32. Gleich und gleich gesellt sich gern

Hier kommen drei merkwürdige Aufgaben. Es sind mit Hilfe von 5
Zweien, in Form einer Addition, die Zahl 28 und mit Hilfe von 8 Achten die Zahl 1000 darzustellen. Wenn die Aufgaben gelöst sind, dann
versuche man sich an einer schwierigeren.
Die Zahl 100 soll einmal aus 5 Einsen und einmal aus 5 Fünfen gebildet
werden. Dabei ist zu beachten, daß es für die letzte Möglichkeit (5
Fünfen) mehrere Lösungen gibt. Wie viele sind es, und wie lauten sie?
Zur Bildung der Aufgaben darf man das Additions-, Divisions-, Sub-
traktions- und Multiplikationszeichen benutzen.

33. Das Treppenhaus

Wenn ein Haus 9 Etagen besitzt (einschließlich Erdgeschoß), um wie
viele Stufen ist der Weg von der dritten zur neunten Etage länger als
der Weg vom Erdgeschoß zur dritten Etage? Eine Treppe soll 20 Stufen haben.

34. Wieviel kostet die Flasche?

Ein Mechaniker geht in eine Metallwarenhandlung, um eine Flasche
Maschinenöl zu kaufen. Die Flasche mit dem Öl kostet 8,20 Mark. Er
fragt den Verkäufer, ob er für die Flasche Pfand bezahlen muß.
»Ja!« antwortet ihm dieser daraufhin. »Das Öl kostet genau 8,00 Mark
mehr als die Flasche.«
Wieviel Geld bekommt der Mechaniker beim Abgeben der Flasche
vom Verkäufer zurück erstattet?

35. Eine umständliche Angelegenheit

Eines Tages klingelte mein Bekannter an meiner Haustür. Ich öffnete
ihm und ließ ihn eintreten. Seine erste Frage galt der genauen Uhrzeit.
Ich nannte sie ihm, und ehe ich ihn zurückhalten konnte, war er schon
wieder auf dem Weg nach Hause. Diese Handlungsweise verwunderte
mich außerordentlich, und am nächsten Tag ging ich zu ihm. Er ent-
schuldigte sich bei mir für sein unhöfliches Auftreten, erklärte mir jedoch, daß ihm nichts anderes übriggeblieben war. Nach weiterem Fragen erfuhr ich die ganze merkwürdige Geschichte. Er habe, so erzählte
mir der Bekannte, im ganzen Haus nur eine große Standuhr. Am gest-

rigen Tage sei er nach Hause gekommen und habe erkennen müssen,
daß die Standuhr stehengeblieben war. Da er keine Taschenuhr besitzt, war ihm die Idee gekommen, mich nach der genauen Uhrzeit zu
fragen. Als ich wissen wollte, wieviel Zeit er für den Weg zu mir und
zurück zum eigenen Haus benötigt hätte, gab er mir zur Antwort, daß
dies völlig unwichtig gewesen sei, denn ich könne mich davon überzeu-
gen, daß er, obwohl er die Zeit für den Weg nicht kannte, die Standuhr
auf die Minute genau gestellt hatte. Als ich daraufhin die Zeigerstel-
lung meiner eigenen Armbanduhr mit der der Standuhr verglich,
mußte ich erstaunt feststellen, daß die Differenz nur eine halbe Minute
betrug. Wie war ein so genaues Stellen der Standuhr möglich?

36. Wie viele Zinnsoldaten?

Ein kleiner Junge spielte mit seinen Zinnsoldaten. Als er sie zu einer
»Paradeübung« aufstellen wollte, mußte er eine merkwürdige Feststellung machen. Wenn die Soldaten in einer Zweierreihe standen,
blieb ein Soldat übrig, bei einer Dreierreihe zwei, bei einer Vierer-
reihe drei usw. Erst als sieben Zinnsoldaten ein Reihenglied bildeten,
ging die Teilung ohne Rest auf.
Wieviel Zinnsoldaten besaß der Junge mindestens, wenn man davon
ausgeht, daß die Anzahl der Soldaten nicht größer als 130 war?

37. Eine gelungene Teilung?

Ein Junge hatte 23 Glasmurmeln geschenkt bekommen. Er möchte
diese Murmeln mit seinen beiden Freunden teilen, und zwar so, daß er
die Hälfte, sein gleichaltriger Freund ein Drittel und sein jüngerer
Freund ein Achtel der Menge bekommen. Soviel die drei Freunde
auch überlegen, sie schaffen es nicht, die Murmeln in der angegebenen
Weise unter sich aufzuteilen. Da kommt ein vierter Junge hinzu und

erkennt das Problem unserer Freunde. Er findet auch eine Lösung, die darin besteht, eine seiner eigenen Glasmurmeln zu den 23 hinzuzulegen. Jetzt geht die Teilung der Glasmurmeln reibungslos vonstatten. Der eine bekommt die Hälfte (= 12 Murmeln), der zweite bekommt ein Drittel (= 8 Murmeln), und der Dritte bekommt ein Achtel (= 3 Murmeln) der 24 Murmeln. Wie bereits bemerkt, haben die drei Freunde insgesamt 23 Murmeln bekommen. Die übriggebliebene Glasmurmel konnte dem vierten Jungen zurückgegeben werden.
Wie ist diese Teilung zu erklären? War das wirklich die Lösung für das Problem unserer Freunde?

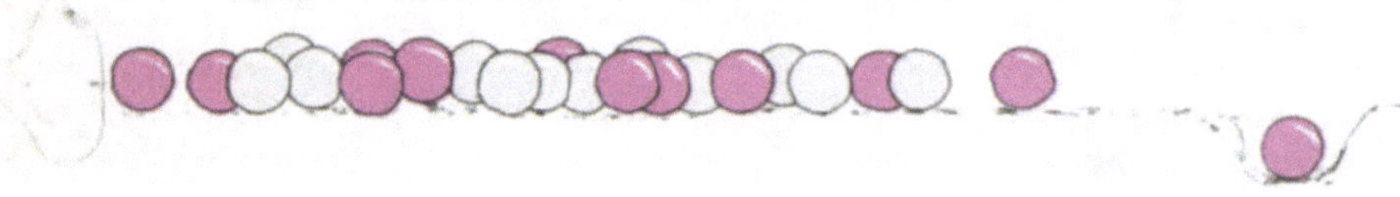

38. Die zwei Schäfer

Zwei Schäfer, welche sich auf einer Weide trafen, kamen miteinander ins Gespräch. Während ihrer Unterhaltung liefen die Tiere umher, und die beiden Herden wurden vermischt. Die Schafe auseinanderzutreiben war für die Schäfer kein Problem, da sie aber die Lämmer noch nicht gekennzeichnet hatten, konnten sie diese unmöglich aussondern. Dazu kam noch, daß keiner der beiden mehr wußte, wie viele Lämmer er besaß. Die Lage der Schäfer schien aussichtslos, bis ihnen ein Mann aus ihrem Dorf zu Hilfe kam.
»Ich erinnere mich auch nicht mehr an die genaue Anzahl eurer Lämmer«, sprach dieser. »Ich weiß nur noch, daß, falls du, Schäfer, deinem Nachbarn ein Lamm gegeben hättest, die Anzahl eurer Lämmer gleich gewesen wäre. Hätte dagegen dein Nachbar dir ein Lamm über-

lassen, so hättest du genau doppelt so viele Lämmer besessen wie er.
Mehr kann ich euch auch nicht sagen.«
Die beiden Schäfer bedankten sich für die Auskunft und wußten bald
darauf, wie viele Lämmer jeder zu bekommen hatte.
Wie lautet die Lösung?

39. Im Gesangverein

Der kleine Hermann geht mit einem Schulfreund über den Marktplatz
seines Städtchens. Auf dem Platz ist gerade ein Herren-Gesangverein
damit beschäftigt, die umstehenden Leute mit alten Volksliedern zu
erfreuen. »Schau«, sagt da der Freund zu Hermann, »dort steht mein
Großvater und singt mit den anderen.«
Hermann schaut zum Verein und fragt seinen Freund:
»Welcher der 18 Sänger ist es denn?«
»Nun, das kannst du dir leicht selbst errechnen«, antwortet der
Freund. »Wenn du die Anzahl der Männer, die links neben meinem
Großvater stehen, mit der Anzahl der Männer rechts vom Großvater
multiplizierst, so ergibt das eine Zahl, die um 14 kleiner ist, als sie
wäre, wenn sich mein Großvater nur um zwei Stellen nach rechts be-
wegt hätte.« »So, so,« sagt Hermann und kann nach einigem Nachden-
ken den Großvater des Freundes genau identifizieren.

40. Ein gewitzter Kapitän

Der Kapitän einer bekannten isländischen Schiffahrtslinie wurde von
seinem Reeder zum Mittagessen eingeladen. Während dieses Essens
unterhielt man sich sehr angeregt über die Anzahl und den Zustand
der Schiffe, die zum Eigentum des Reeders gehörten. Daraufhin begannen einige Gäste den Kapitän über seine Arbeit zu befragen. Der
Kapitän antwortete ihnen, daß er neben seiner Tätigkeit als Kapitän
auch noch Bücher mit mathematischen Denksportaufgaben verfasse.
Das interessierte die Gäste, die sowieso von der Schiffahrt nicht sehr
viel verstanden, natürlich um so mehr, und als der Kapitän gebeten
wurde, etwas von seiner nebenberuflichen Kunst preiszugeben, stellte
er den Gästen folgende Aufgabe:
»Wie alle wissen dürften, meine Damen und Herren, verkehrt unsere
Schiffahrtslinie auch zwischen Island und den Azoren. Jeden Mittag
Punkt 12 Uhr sticht ein Schiff unserer Linie in Reykjavik ebenso wie in
Ponta Delgada, einem Hafen auf den Azoren, in See. Die Zeit für eine
Fahrt dauert unabhängig von der Richtung genau 3 Tage. Wenn ich
nun morgen mit meinem Schiff in See stechen müßte, wie vielen Schif-

fen meiner Schiffahrtslinie würde ich bis zu meiner Ankunft in Ponta
Delgada begegnen?«
Die Aufgabe des Kapitäns ist am einfachsten zu lösen, wenn man sich
eine graphische Darstellung überlegt. Viel Spaß dabei!

41. Vier Röhren

Ein Aquarium soll mit Hilfe eines Eimers und vier verschieden dicker
Gummiröhren gefüllt werden. Zur Füllung des Aquariums würde man
mit der ersten Röhre sechs Stunden, mit der zweiten Röhre drei Stunden, mit der dritten Röhre eine Stunde und mit der vierten Röhre zwei
Stunden benötigen. Nun soll aber das Aquarium so schnell wie möglich gefüllt werden. Man benutzt also gleichzeitig alle vier Röhren. In
welcher Zeit kann das Aquarium dann gefüllt werden?

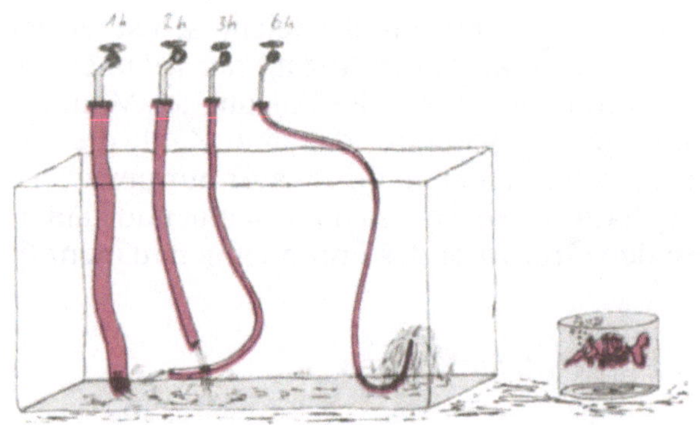

42. Zuviel bezahlt?

Ein Passant, der es sehr eilig hatte, stieß, als er über den Wochenmarkt
seines Städtchens lief, einen Eierverkäufer derart an, daß dessen Ware
aus einem Korb auf den Boden fiel und zerbrach. Jetzt machte der
Verkäufer natürlich ein großes Geschrei und verlangte, daß der Passant die Eier zu bezahlen hätte. Als dieser die Frage nach dem Preis
der Eier stellte, gab der Verkäufer ihm folgende Antwort:
»Verdreifachen Sie die Anzahl der vollen Stunden, welche seit Mitter-
nacht vergangen sind, und multiplizieren Sie das Ergebnis mit 10. Nun
teilen Sie das erhaltene Produkt durch die Anzahl der Stunden der au-
genblicklichen Uhrzeit und zählen 15 dazu. Jetzt haben Sie die Höhe
des Preises für die Eier, den Sie mir in Mark auszuzahlen haben.«
Der Passant rechnete, nachdem er auf seine Uhr geschaut hatte, den
Preis aus und zahlte. Danach lief er zu einem Bekannten, um ihm von
dieser seltsamen Begebenheit zu berichten. Bei einem Uhrenvergleich

stellte der Passant jedoch fest, daß seine Uhr stehengeblieben war und daß sie drei Stunden zuviel angezeigt hatte. Demnach mußte er einen zu hohen Preis für die Eier bezahlt haben. Er wollte sich schon wieder auf den Weg machen, um dem Eierverkäufer sein Versehen zu erklären, als der Bekannte ihn zurückhielt und sagte, daß der Preis für die Eier schon richtig gewesen sei.

Was war hier passiert? Wie hoch war, wenn überhaupt, der Verlust und was kosteten die Eier?

43. Gewichtsprobleme

Ein Mathematiklehrer, der seinen Schülern einen Vortrag über Gleichungen gehalten hatte, mußte feststellen, daß nur wenige der Kinder ihn überhaupt verstanden hatten. Um diese genau auszusondern, stellte er am nächsten Morgen folgende Aufgabe:

»Liebe Kinder, ihr wißt sicherlich, daß man mit Hilfe der Mathematik viele Dinge beweisen kann. Ich werde euch nun mit Hilfe einer Gleichung zeigen können, daß ein Spiegelei das gleiche Gewicht hat wie ein Elefant. Ich bezeichne das Gewicht des Elefanten mit s und das des Eies mit f. Die Summe dieser beiden Gewichte sei $2g$. Daraus ergibt sich nun die Gleichung $s + f = 2g$, woraus man zwei weitere ableiten kann, nämlich: $s - 2g = -f$ und $s = -f + 2g$. Wenn wir nun die

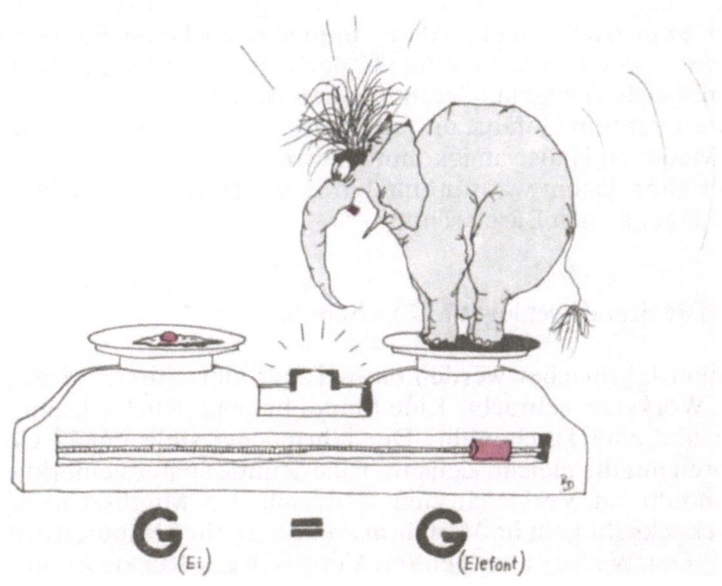

rechten und linken Seiten der beiden Gleichungen mit s bzw. $-f$ multiplizieren, also $(s - 2g)s = -f(-f + 2g)$, erhalten wir:
$s^2 - 2gs = f^2 - 2gf$. Bei einer Addition von g^2 auf beiden Seiten der Gleichung folgt: $s^2 - 2gs + g^2 = f^2 - 2gf + g^2$, was gleichzusetzen wäre mit der Binomischen Formel $(s - g)^2 = (f - g)^2$. Jetzt ziehen wir die Quadratwurzel aus beiden Seiten der Gleichung und erhalten: $s - g = f - g$. Bei Addition von g würde sich meine Behauptung vom Anfang bestätigen, daß das Gewicht eines Spiegeleis gleich dem eines Elefanten wäre, denn wir würden die Gleichung $s = f$ bekommen. Welcher Schüler kann mir sagen, was hier nicht stimmt?«
Einige Schüler konnten dem Lehrer richtig antworten. Wer kann es auch?

44. Eine anpassungsfähige Zahl

Es gibt eine dreistellige Zahl, die durch sieben teilbar ist, wenn man 7 von ihr subtrahiert. Will man sie ganzzahlig durch acht teilen, muß man sie um 8 verringern, soll sie durch neun teilbar sein, ist eine Verkleinerung um genau 9 notwendig. Welche Zahl ist gemeint?

45. Welche Farbe hat der Bär?

Ein Jäger ging eines Morgens auf die Jagd. Er lief von seinem Haus zuerst 5 km nach Süden. Als er immer noch keine Beute ausmachen konnte, wendete er sich um 90° nach rechts und lief in Richtung Westen. Nach 5 km gelang es ihm, einen Bären zu erschießen. Er lud den Bären auf sein Gefährt und zog denselben 5 km nach Norden, worauf er wieder zu Hause angekommen war.
Wer kann sagen, was für eine Farbe das Bärenfell gehabt hat und wo der Jäger seinen Bären schoß?

46. Die Stunde schlägt die Taschenuhr

Einem Uhrmacher werden eines Tages vier Uhren zur Reparatur in die Werkstatt gebracht. Eine Standuhr, eine Kuckucksuhr, ein Wecker und eine Taschenuhr. Der Uhrmacher stellt um 12 Uhr die vier Uhren auf die gleiche Zeit ein. Eine Stunde später bemerkt er, daß die Standuhr im Vergleich zum Zeitzeichen 5 Minuten nachgeht. Die Kuckucksuhr geht im Verhältnis zur Standuhr 5 Minuten in der Stunde vor. Der Wecker aber geht im Vergleich zur Kuckucksuhr 5 Minuten

in der Stunde nach. Die Taschenuhr geht, verglichen mit dem Wecker, ebenfalls 5 Minuten stündlich nach.
Wer weiß, wann die Taschenuhr das erste Mal die volle Stunde anzeigt?

47. Die Eisenbahner

Auf einem Streckenabschnitt der Eisenbahn arbeiten fünf Gleisarbeiter. Einer von ihnen ist 43 Jahre alt. Als man diesen nach dem Alter seiner Kollegen fragt, antwortet er: »Wir sind zusammen 172 Jahre alt. Keiner von uns ist gleichaltrig. Drei von uns haben je eine Quadratzahl von Jahren gelebt. Vor fünfzehn Jahren waren es ebenfalls drei von uns, die eine Quadratzahl von Jahren hinter sich gehabt hatten. Das müßte als Altersangabe eigentlich reichen.«
Reicht das wirklich? Wenn ja, wie alt sind dann die fünf Eisenbahner?

48. Die drei Männer

Drei Männer treffen sich in einer Gaststätte. Nach ihrem Alter befragt, antwortet der eine, der einen dichten Vollbart trägt:
»Wenn ihr die Ziffern meines Lebensalters vertauscht, so erhaltet ihr das genaue Alter von dem mit dem Schnurrbart. Die Differenz unserer

Lebensalter ergibt das doppelte Alter von dem ohne Bart, und der mit dem Schnurrbart ist zehnmal so alt wie der Bartlose.
Wie alt ist jeder der drei Männer?

49. Wie lang war der Eisenbahnzug?

Zwei Eisenbahnzüge fahren auf einer zweigleisigen Strecke einander entgegen. Der eine hat eine Geschwindigkeit von $30\,\frac{km}{h}$, der andere eine Geschwindigkeit von $42\,\frac{km}{h}$. Der schnellere Zug benötigt 9 Sekunden, um an dem Zugführer des langsameren Zuges vorbeizufahren. Wie lang ist der $42\text{-}\frac{km}{h}$-schnelle Zug?

50. Sechs Pfund Mehl

Der kleine Hans möchte seinen Eltern einen Kuchen backen. Zum Backen benötigt er 6 Pfund Mehl. In der Vorratskammer findet er eine Tüte mit genau 13 kg Weizenmehl, muß aber feststellen, daß von der Waage fast alle Gewichte fehlen. Einzig das 200-g- und 50-g-Gewicht sind noch vorhanden. Zum Abwiegen wären jetzt mehrere Wägungen notwendig. Wie ist es Hans möglich, mit nur drei Wägungen und den beiden Gewichten die sechs Pfund Mehl abzuwiegen?

KAPITEL 2

Mal so, mal so!

(Mathematische Kniffligkeiten aus den verschiedensten Bereichen)

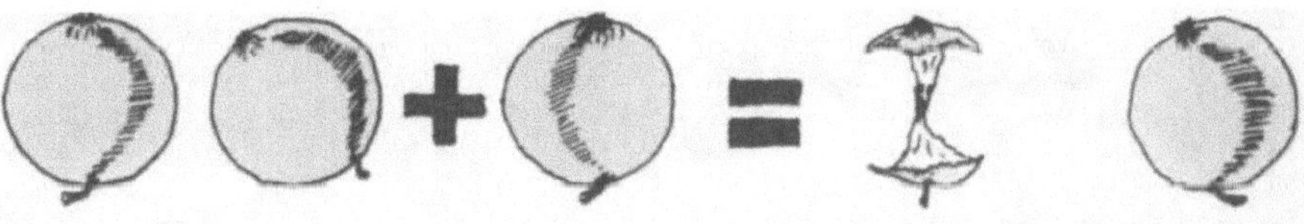

51. Die vier Lieferanten

Ein großes Möbelhaus wird von vier verschiedenen Industriebetrieben
beliefert. Die Teppichfabrik bringt alle zwei Wochen neue Ware.
Neue Kleinmöbel kommen jeden 9. des Monats, neue Polstermöbel
alle 28 Tage. Schränke werden alle 5 Wochen geliefert.
Am 2. 1. 1982 sind alle vier Lieferanten zugleich im Möbelhaus.
An welchem Tag werden die vier Industriebetriebe wieder zusammen
liefern?

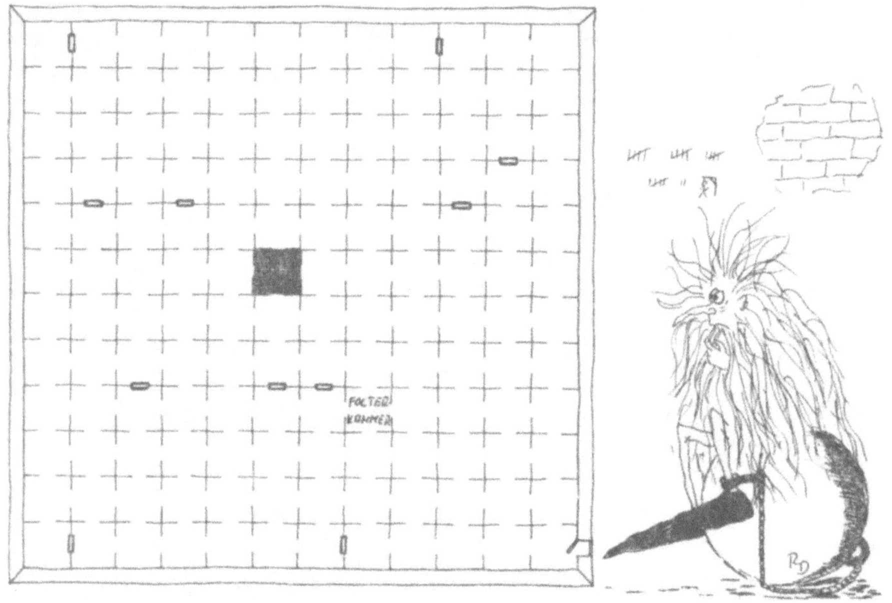

52. Das Gefängnislabyrinth

In der Abbildung ist ein Gefängnislabyrinth zu sehen. Ein Gefangener
wurde zu lebenslanger Haft in der schwarz gekennzeichneten Zelle
verurteilt. Obwohl es mehr als genug offene Türen im Gefängnis gibt,
war es ihm unmöglich zu fliehen, denn der Erbauer des Labyrinths
hatte ein besonderes Türensystem erdacht, welches als absolut sicher
galt.
Nachdem der Gefangene einige Jahre im Kerker zugebracht hatte,
konnte er sich Informationen über das Gefängnislabyrinth und dessen
Türensystem verschaffen, die es ihm erlaubten, einen Fluchtweg aus-
zuarbeiten. Dabei waren folgende Kriterien zu beachten:

– Bis auf 11 verschlossene Türen (schwarz gekennzeichnet) sind alle
Türen im Labyrinth offen. Diese 11 schwarzen Türen öffnen sich
selbständig, wenn sie jeweils als zwölfte Tür durchlaufen werden.
– Die verschlossene Außentür (im Bild rechts unten) öffnet sich nur,
wenn alle 11 verschlossenen Türen geöffnet worden sind. Außerdem müssen alle Räume einmal und **nur** einmal begangen werden.
– Der Gefangene darf nicht durch die Folterkammer laufen.
Dem Gefangenen glückte seine Flucht nach dem von ihm ausgearbei-
teten Fluchtplan. Wie sieht der Weg aus, den er gehen mußte?

53. Eine gerechte Belohnung?

Ein Mann traf eines Tages im Wald auf zwei Jäger. Diese beiden hatten Fasane geschossen. Der eine 10, der andere 14. Nachdem sie sich
einige Zeit miteinander unterhalten hatten, wollten die Jäger dem
Mann einige Fasane schenken. Sie kamen überein, daß jeder von ihnen so teilen solle, daß alle die gleiche Anzahl an Fasanen bekämen.
Als die Teilung vollzogen war, schenkte der Mann den Jägern 24 Geldstücke. Der Jäger mit den 10 Fasanen bekam 10 und der Jäger mit den
14 Fasanen bekam 14 Geldstücke.
Als er jedoch nach einiger Zeit nochmals über die Höhe der Belohnung nachdachte, schien es ihm, er habe die Münzen ungerecht verteilt.
Warum kam der Mann zu dieser Ansicht?

54. Der faule Gerber

Zwei Gerbergesellen hatten je einen gleichen Posten Kaninchenfelle
aufzubereiten. Der ältere von ihnen bearbeitete jeden Tag 40 Felle.
Der jüngere bummelte und schaffte aus diesem Grund nur 20 Felle am
Tag. Als der fleißigere Gerbergeselle den faulen daraufhin ansprach,
gab dieser zur Antwort, daß er die andere Hälfte seiner Kaninchenfelle um 20 Stück am Tage schneller bearbeiten wolle. Damit hätte er
in der ersten Hälfte des Postens 20 Felle weniger, in der zweiten Hälfte
20 Felle mehr am Tage gegerbt. Und 20 + 60 = 80 und 80 : 2 = 40.
Dann hätte er auch einen Durchschnitt von 40 Fellen am Tag erreicht.
Der ältere Gerbergeselle schüttelte nach diesen Erläuterungen vehe-
ment den Kopf. »Du rechnest falsch!« sagte er. »Du wirst, nach einer
solchen Bearbeitungsmethode, weniger als 40 Felle je Tag bearbeitet
haben.«
Wie kam der Gerbergeselle zu einer solchen Behauptung? Hätte der
jüngere Geselle tatsächlich weniger als 40 Felle am Tag bearbeitet?

55. Hermann und die Käse

Während der Schulferien besuchte Hermann seinen Onkel, der in den
Bergen einen kleinen Bauernhof bewirtschaftete. Als Hermann das
Ziel seiner Urlaubsfahrt erreichte, hatte der Onkel gerade eine Anzahl großer runder Käse gemacht und diese zum Reifen auf einen Rost
gelegt. Der aufgeweckte Hermann bemerkte beim genaueren Betrachten der Käse, wie sich ein feiner weißer Schimmel über die äußere
Haut derselben zog. Erstaunt befragte er seinen Onkel, und dieser erklärte ihm, daß jeder Käse auf dem Rost mit einem speziellen Edel-
schimmel bestrichen worden war. Der Schimmel interessierte Hermann, und neugierig begann er, ihn über einige Tage hinweg zu beob-
achten. Dabei stellte er fest, daß sich der Schimmel mit erstaunlicher
Genauigkeit alle fünf Tage verdreifachte. Um seine Erkenntnis zu
überprüfen, lief Hermann nach dem Sonntagsspaziergang in den
Reifeschuppen und suchte einen fünfundzwanzig Tage alten Käse aus,
dessen äußere Hülle bereits zu einem Drittel vom weißen Schimmel
überzogen war. Nach kurzer Berechnung stellte er fest, wann der
Schimmel den gesamten Käse bedecken würde, und als er einige Zeit
später die Ausdehnung kontrollierte, sah er seine Vermutung bestä-
tigt.
Zwei Tage später schnitt der Onkel von eben diesem Käse ein großes
Stück ab und brachte es zum Abendessen auf den Tisch.
An welchem Wochentag war das?

56. Die Lokomotive kommt zum Schluß

Ein kleiner Junge spielt mit seiner elektrischen Spielzeugeisenbahn.
Er sitzt im Schienenkreis und läßt sie immer gegen die Uhrzeigerrichtung rundherum fahren. An die Lokomotive hat er 22 Wagen angehängt. Nun zählt er, immer in Uhrzeigerrichtung des Kreises, jeden
zwanzigsten Wagen ab (die Lokomotive zählt er mit) und nimmt ihn
aus dem Gleis. Am nachfolgenden Wagen beginnt er dann erneut, den
20. Wagen abzuzählen usw. Die Lokomotive soll dabei als letzte aus
dem Schienenkreis genommen werden.
Bei welchem Wagen muß der Junge anfangen zu zählen, um die Aufgabe den Forderungen entsprechend zu lösen?

57. Acht Liter Wein

Der Sohn eines Winzers wurde einmal vor die Aufgabe gestellt, acht
Liter Wein aus einem Fäßchen in zwei gleiche Mengen zu teilen. Dabei

standen ihm nur ein 5 Liter und ein 3 Liter fassendes Gefäß zur Verfügung.

Wie gelang es dem Sohn des Winzers, mit den bereitstehenden Gefäßen die vier Liter Wein abzumessen? Gleichzeitig wird eine Möglichkeit gesucht, wie man 1l, 2l, 3l,…, 8l abmessen kann.

58. Blaue und weiße Kampfhähne

In einigen Ländern Asiens ist es üblich, zur Volksbelustigung Hahnenkämpfe zu veranstalten. Dabei werden den Kampfhähnen messerscharfe Sporen an die Füße und Haken und Nadeln an Schnabel und Flügel gebunden. Ein Kampf zwischen den Hähnen ist meistens erst mit dem Tode eines derselben beendet.

Die Zucht dieser Kampfhähne ist eine alte Tradition, und es gibt Arten, die wegen ihrer besonderen Eigenschaften seit Jahrhunderten immer wieder gezüchtet werden. Unter diesem Aspekt treten besonders zwei Spezies hervor. Es sind dies die blauen und die weißen Kampfhähne. Kenner wissen zu berichten, daß ein Kampf zwischen einem blauen und zwei weißen Kampfhähnen stets in kurzer Zeit nit dem

Sieg des blauen Hahnes endet. Bei drei weißen und einem blauen Hahn geht der Kampf unentschieden aus. Treffen jedoch vier weiße Kampfhähne auf einen blauen Hahn, so wird letzterer in fast genau drei Minuten kampfunfähig gemacht. Wenn mehr weiße Hähne einen blauen Hahn angreifen, verringert sich diese Zeit im Verhältnis zur Anzahl der Angreifer. Das heißt, daß ein Kampf zwischen fünf weißen Kampfhähnen und einem blauen Hahn genau $\frac{4}{5} \times 3\,\text{min}$ (= 144 s) dauern würde. Außerdem weiß man, daß mindestens drei der weißen Hähne vorhanden sein müssen, um einen blauen Kampfhahn anzugreifen.

Die Kenntnis dieser Kriterien verleiht den Züchtern sogar die Gabe, zu wissen, wann ein Kampf zwischen einer bestimmten Anzahl von weißen und blauen Kampfhähnen beendet sein wird. Dies soll man nun auch einmal für den folgenden speziellen Fall ausrechnen.

Angenommen, es treten 7 blaue Kampfhähne gegen 23 weiße Kampfhähne an. Wer würde wohl diesen Kampf gewinnen und in welcher Zeit?

59. Mal länger, mal kürzer

In einer Kirche stehen zwei Kerzen. Beide sind von unterschiedlicher Länge und Stärke. Die längere von beiden brennt in genau 4 Stunden herunter. Die kürzere benötigt dazu $7\frac{1}{2}$ Stunden.

Nach einer Brenndauer von 2 Stunden haben beide Kerzen gleiche
Höhe erreicht.
Um wieviel war die eine Kerze zu Anfang kürzer als die andere?

60. Wie viele Äpfel?

Drei Jungen haben eine bestimmte Anzahl Äpfel. Da sie Freunde
sind, beschließen sie, die Äpfel zu gleichen Mengen unter sich aufzuteilen. Als jeder der drei Freunde vier Äpfel gegessen hat, besitzen sie
zusammen noch genau so viele Äpfel, wie jeder von ihnen nach der
Verteilung gehabt hat.
Wie viele Äpfel verteilten die Freunde untereinander?

61. Steckbrief einer natürlichen Zahl

Es gibt eine kleinste natürliche Zahl, deren erste Ziffer eine 3 ist. Ver-
schiebt man nun diese 3 vom Anfang zum Ende, so erhält man eine
neue natürliche Zahl, die den vierten Teil der ersteren darstellt. Welche natürliche Zahl ist gemeint? Diese Zahl soll mit Hilfe einer alge-
braischen Gleichung gefunden werden! Wer mathematisch etwas be-
wandert ist, dem gelingt es vielleicht, einen allgemeinen Lösungsweg
ausfindig zu machen.

62. Ein spannendes Rennen

Im Amerika des 19. Jahrhunderts war der Goldrausch nichts Besonderes. Jeder versuchte, einen einträglichen Claim, ein Stück Land, auf
dem Gold geschürft werden konnte, zu bekommen. Wenn man endlich einen hatte, wurde dieser mit aller Waffengewalt verteidigt. Es
kam aber auch öfter vor, daß ein Besitzer starb. Dann mußten die In-
teressenten dieses Claims in die nächste Stadt fahren und dieses Stück
Land auf ihren Namen registrieren lassen. Dabei hieß es: »Wer zuerst
kommt, mahlt zuerst!«
Aus diesem Grund begannen in solchen Fällen wilde Verfolgungsjag-
den. Eine solche wird hier näher beschrieben.
Nachdem der Besitzer einer Goldader getötet worden war, machten
sich sofort einige Hundeschlittenfahrer auf den Weg zur nächsten Re-
gistrierstelle. Einer von ihnen wurde der »Wilde Bill« genannt. Er fuhr
mit einem Neunergespann die ersten 48 Stunden ohne Behinderung,
bis drei seiner Hunde von einem Rudel Wölfe gefressen wurden. Die

nächsten 36 Stunden konnte er dementsprechend nur noch $\frac{6}{9}$ der Anfangsgeschwindigkeit aufbringen, was eine Verzögerung von insgesamt 60 Stunden zur Folge hatte.

Der »Wilde Bill« berichtete später, daß er sich nur um 36 Stunden verspätet hätte, wenn die drei gefressenen Hunde noch 40 Meilen im Gespann mitgezogen hätten.

Kann man aus den gegebenen Größen die Entfernung vom freigewordenen Claim bis zum nächsten Registrierbüro berechnen? Wenn ja, wie groß war sie?

63. Eine verwirrende Sache

Zwei Melonenhändler, die sich auf dem Markt trafen, stellten fest, daß der eine weniger Melonen hatte als der andere. Wenn man aber nun von beiden Mengen die Hälfte der Anzahl der kleineren Menge abzog, so war die Differenz aus der größeren Menge und der Hälfte der kleineren genau dreimal größer als die Differenz aus der kleineren Menge und ihrer Hälfte.

Um wie viele Male war die Melonenmenge des einen größer als die des anderen?

64. Der gestreßte Lokführer

Ein Lokführer unterhielt sich mit seinem Sohn über die von ihm befahrene Strecke. »Ich bin«, so sagte er, »heute dreimal zwischen Fuchshausen und Entenstadt hin und her gefahren.«

»Wie viele Wagen hattest du an deiner Lokomotive?« fragte der Sohn.

»Das weiß ich nicht mehr«, antwortete der Vater. »Ich kann mich nur noch daran erinnern, daß ich auf der ersten Fahrt von Fuchshausen nach Entenstadt genau so viele Wagen angehängt bekommen habe,

wie schon an der Lok waren. Bei meiner Ankunft in Entenstadt habe
ich 40 Wagen abgekoppelt und mußte mich auf den Rückweg machen.
Unterwegs wurden mir wiederum so viele Wagen angehängt, wie ich
zu diesem Zeitpunkt an meiner Lokomotive hatte. Als ich in Fuchshausen ankam, verringerte sich die Anzahl der Wagen nochmals um 40
Stück. Bei der Rückfahrt nach Entenstadt wurde die Zahl meiner Wagen ein letztes Mal verdoppelt und als ich in Entenstadt 40 Wagen ab-
koppelte, hatte ich überhaupt keinen Wagen mehr an meiner Lokomotive.«
Der Sohn, der ein kluger Bursche war, sagte sofort, daß ihm diese Informationen völlig genügten, um die genaue Anzahl der Wagen auszurechnen, mit der sein Vater seine erste Fahrt nach Entenstadt angetre-
ten habe.
Wer weiß es?

65. Briefmarken werden getauscht

Drei Mitglieder eines Briefmarkenvereins bekamen von ihrem Vorsitzenden 72 Briefmarken. Jeder von ihnen hatte davon so viele Marken
erhalten, wie er vor der Verteilung in seinem Album gehabt hatte.
Dies erschien dem Sammler, der die wenigsten Marken bekommen
hatte, ungerecht, und er machte seinen Freunden folgenden Vorschlag:
»Jeder von uns nehme nun die Marken, die der Vorsitzende ihm gab,
aus seinem Album. Ich werde jetzt meinen Anteil an diesen Marken
halbieren. Die eine Hälfte behalte ich, die andere bekommt ihr zu gleichen Teilen. Dann wird der zweite mit dem gesamten Betrag der Marken, die vom Vorsitzenden stammen, dasselbe machen. Das heißt, er
wird die Hälfte der Briefmarken behalten und die andere Hälfte zu
gleichen Teilen den beiden anderen geben. Wenn das geschehen ist,
soll der letzte von uns mit allen geschenkten Marken, die er besitzt,
ebenso verfahren!«
Die beiden Mitglieder, die keine List hinter der vorgeschlagenen Teilung vermuteten, erklärten sich bereit, den Bedingungen zu folgen.
Nach der Teilung stellten sie jedoch erstaunt fest, daß jeder von ihnen
die gleiche Anzahl Briefmarken erhalten hatte.
Wie viele Marken hatte jedes der drei Mitglieder vorher in seinem
Album?

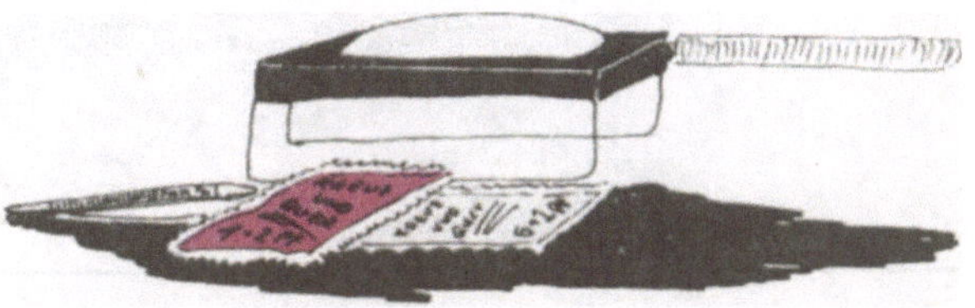

Gut gedacht ist halb gelöst!

(Aufgaben, bei denen der Ansatz zur Lösung führt!)

66. Wem gehört das Auto?

Karlchen hat Besuch bekommen. Sein Vetter darf die Ferien bei ihm
verbringen. Als Karlchen mit ihm auf den Hof geht, um Fußball zu
spielen, fallen dem Vetter zwei Autos auf. Er fragt Karlchen, wem
diese gehören, worauf er folgende Antwort bekommt:
»Das große blaue Auto mit den gelben Punkten gehört meinem Bruder, das kleine rote mit den weißen Streifen meinem Vater. In der Garage neben dem Auto meines Bruders steht außerdem noch der Wagen meiner Schwester.«

Nun möchte der Vetter gerne wissen, welche Farbe und Größe das
Auto der Schwester hat. Da die Garage aber abgeschlossen ist, muß
Karlchen das Auto beschreiben. Dieses machte er in Form einer Aufgabe.
»Bis auf die Möglichkeit, ein großes, blaues Auto mit weißen Streifen
sind alle Kombinationen zwischen den hier aufgeführten Größen,
Grundfarben und Verzierungen möglich. Das Auto hat jedoch die in
diesen Kombinationen seltener auftretende Grundfarbe. Außerdem
hätte ein großes Auto unbedingt weiße Streifen und ein kleines Auto
ganz sicher gelbe Punkte. Als letztes sage ich dir nur noch, daß das
Auto in der Garage weder mit dem Wagen meines Bruders noch mit
dem meines Vaters in allen Details übereinstimmt.«
Der Vetter, der gut aufgepaßt hatte, konnte nach dieser Beschreibung
ein genaues Bild vom Wagen der Schwester Karlchens geben.
Wer kann das auch? Wie sah der Wagen in der Garage aus?

67. Der Frosch

Ein Frosch ist auf dem Wege zu einem befreundeten Salamander. Unterwegs zählt er, da er nichts Besseres zu tun hat, die Sprünge. In der
ersten Hälfte des Weges merkt er sich jeden dritten Sprung, in der
zweiten Hälfte jeden zweiten. Beim Salamander angekommen, stellt
er fest, daß es 4000 Doppelsprünge mehr waren als dreifache.
Wer sagt schnell, wie viele Sprünge der Frosch machen mußte, um bis
zur Behausung des Salamanders zu kommen?

68. Falschmünzerei

Ein Bankbeamter hat vor sich auf dem Tisch 12 Münzen liegen. Er weiß, daß unter diesen Geldstücken ein falsches ist. Dieses zeichnet sich nur durch ein anderes Gewicht von den echten Münzen aus und soll, mit nur drei Wägungen, auf einer Tafelwaage ausfindig gemacht werden. Wer weiß, wie der Bankbeamte wiegen muß? Kann der Bankbeamte durch die Wägungen auch feststellen, ob die falsche Münze schwerer oder leichter ist als eine echte?

69. Eine »unmögliche« Sache

Während einer Mathematikarbeit schoben sich zwei Schüler einen Zettel mit den verschiedenen Lösungen der gestellten Aufgaben zu. Obwohl die beiden alle Fragen richtig beantwortet hatten, vermutete der Lehrer, daß sie wahrscheinlich voneinander abgeschrieben hatten. In den Arbeiten war nämlich ein Bruch in »unmöglicher« Form gekürzt worden. Es handelte sich dabei um den Ausdruck $\frac{26}{65}$, bei dem beide Male einfach die Zahl 6 im Zähler wie im Nenner weggestrichen wurde. Zwar stritten die beiden ertappten Schüler zuerst alles ab, gaben aber nach längerem Hin und Her ihre »Untat« zu.

Der Lehrer, der diese Art von Kürzen äußerst belustigend fand, forderte die Schüler auf, zur Sühne ihres Vergehens weitere Brüche mit zweistelligen Zählern und Nennern zu finden, bei denen dieses »Kürzen« ebenfalls zum richtigen Ergebnis führt. Die beiden Schüler fanden drei verschiedene Brüche und erhielten dafür doch noch eine gute Note.
Wer kann sagen, wie die Brüche lauten?

70. Wieviel wiegt das Pferd?

Als Gulliver einige Wochen im Zwergenland gewohnt hat, kommt er
auf die Idee, das Gewicht eines Reiters mit dem seines Pferdes zu vergleichen. Er baut sich eine Schalenwaage und beginnt zu wiegen. In
die rechte Waagschale stellt er ein Pferd mit seinem Reiter, in die linke
einen kleinen Heuwagen. Die Waage ist im Gleichgewicht. Nun stellt
Gulliver einen zweiten Heuwagen in die linke Waagschale, nimmt aus
der rechten Pferd mit Reiter und legt statt dessen 12 große Weinfässer
in die Waagschale. Die Waage ist wiederum im Gleichgewicht. Beim
letzten Wiegen stellt Gulliver fest, daß der Reiter und 4 Weinfässer genau so schwer sind wie das Pferd.
Nach diesen Messungen weiß Gulliver, um wieviel das Pferd schwerer
ist als sein Reiter.

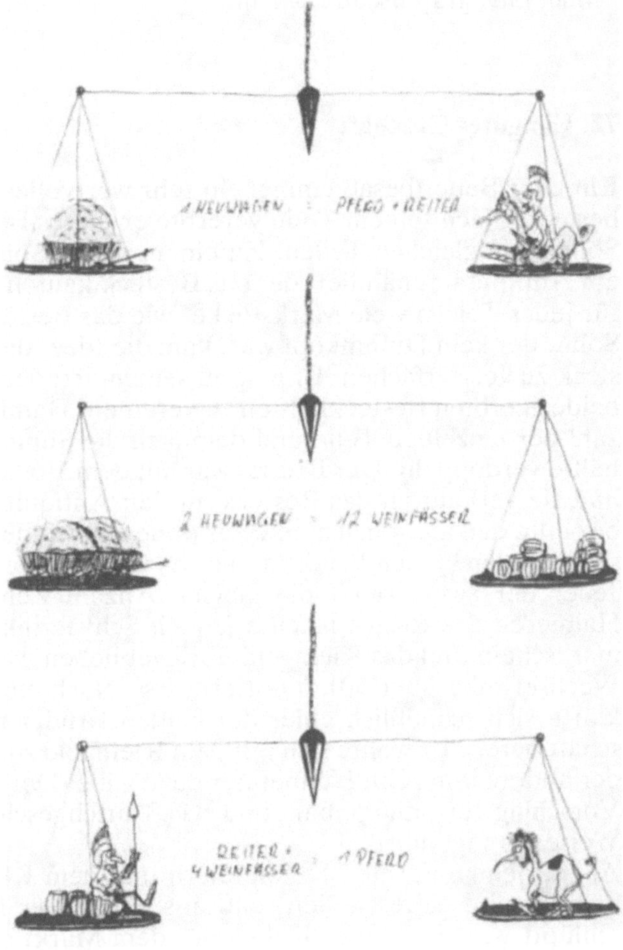

71. Wer fuhr mit dem Fahrrad?

Zwei Frauen aus dem selben Dorf gingen zusammen in die Stadt, um
dort einzukaufen. Den Rückweg bestritten beide jedoch auf unterschiedliche Weise. Die eine fuhr mit dem Fahrrad, die andere mit dem
Autobus zurück. Als beide einige Zeit unterwegs waren, stellte sich
heraus, daß der älteren noch das Dreifache der jetzt vor ihr liegenden
Strecke geblieben wäre, wenn sie nur die Hälfte der bisherigen Strecke
zurückgelegt hätte. Wenn dagegen die jüngere das Dreifache der bisherigen Strecke zurückgelegt haben würde, so müßte sie nur noch die
Hälfte der jetzt vor ihr liegenden Strecke fahren.
Wer weiß, welche Frau mit dem Fahrrad zurückfuhr, wenn das Fahr-
rad langsamer ist als der Autobus?
Findet eine graphische Lösung!

72. Ein gutes Geschäft

Ein alter Bauer besaß einmal ein sehr wertvolles mehrteiliges Silber-
besteck. Nach seinem Tode vererbte er dieses Besteck seinen beiden
Söhnen zu gleichen Teilen. Zu einem dieser Söhne kam bald darauf
ein Antiquitätenhändler, der das Besteck kaufen wollte. Er bot dabei
für jedes Teil so viele Markstücke, wie das Besteck Teile hatte. Dem
Sohn, der kein Dummkopf war, kam die Idee, die Summe für das Besteck zu vervierfachen. Er ging zu seinem Bruder und schlug ihm vor,
beide geerbten Besteckhälften zu vereinen. Damit würde sich die Anzahl der einzelnen Teile und demnach die Summe für jede Besteck-
hälfte verdoppeln. Der Bruder war mit dem Vorschlag einverstanden,
und sie verkauften das Besteck an den Antiquitätenhändler. Dieser
bezahlte den ausgemachten Preis ohne Einwände und verabschiedete
sich von den beiden Brüdern, die das Geld nun teilen wollten.
Jeder der zwei erhielt die gleiche Anzahl Zehnmarkscheine. Das
Halbieren des Restes machte jedoch Schwierigkeiten, da ein Zehnmarkschein und das Kleingeld übriggeblieben waren und die nächste
Wechselstube über 50 km entfernt lag. Nach einigem Überlegen erklärte sich schließlich einer der beiden Brüder zu einem Tauschgeschäft bereit. Er wollte sich mit dem Kleingeld zufrieden geben, wenn
der andere ihm zehn Hühnereier dazu gäbe. Der Bruder erklärte den
Vorschlag für annehmbar, und das Tauschgeschäft wurde in dieser
Weise durchgeführt.
Als derjenige mit den Hühnereiern und dem Kleingeld nach Hause
kam, mußte er feststellen, daß aus einem der Eier ein Küken geschlüpft war. Da dieses Küken auf dem Markt einen Preis von 2,50

Mark gebracht hätte, schickte er seinem Bruder eine Flasche voll Sirup, um dessen Verlust auszugleichen.
Was hatte die Flasche mit Sirup den Bruder gekostet, wenn sie genau den Verlust ausglich, der dem anderen durch das Verschenken des Kükens entstanden war?

73. Ein ungewöhnlicher Tauschhandel

Im frühen Mittelalter war es üblich, Geschäfte auf der Basis eines Tauschhandels abzuwickeln. Dadurch wurde die Verwendung von Geld oder ähnlichem überflüssig. Zu dieser Zeit ging ein alter Bauer mit einem Korb Pflaumen auf den Markt. Er wollte diese Pflaumen gegen Hühner tauschen und suchte darum einen Händler, der Hühner in seinem Angebot hatte. Als er den besagten Händler gefunden hatte, stellte sich jedoch heraus, daß jener seine Hühner nur gegen Gerste tauschen wollte, und zwar 2 Hühner für 30 Pfund Getreide. Nun war guter Rat teuer, aber der Bauer verzagte nicht, sondern suchte daraufhin einen, der Gerste tauschte. Er fand einen Getreidehändler, der für 60 Pfund Gerste 5 Kürbisse verlangte. Der Bauer forschte jetzt nach einem Kürbishändler und mußte entsetzt feststellen, daß dieser seine Kürbisse nur gegen Äpfel auf einer Grundlage von einem Kürbis für 7 Pfund Äpfel tauschen wollte. Unser Bauer fand schließlich noch einen Händler, der für 3 Pfund Äpfel 2 Pfund Kirschen verlangte und wurde von demselben zu einem guten Nachbarn geschickt, welcher endlich bereit war, 11 Pfund Kirschen gegen 15 Pfund Pflaumen einzutauschen. Wenn nun davon ausgegangen wird, daß der Bauer seinen Tauschhandel, Pflaumen gegen Kirschen, Kirschen gegen Äpfel, Äpfel gegen Kürbisse, Kürbisse gegen Gerste und Gerste gegen Hühner, tatsächlich über alle diese Stationen durchführte und ein Pfund Pflaumen 19 Stück ausmachen, wie viele Pflaumen mußte er dann für 3 Hühner geben?

74. Drei fleißige Nager

Ein Gemüsehändler bekam eines Abends noch unerwartet eine Lieferung Melonen. Da er keine Zeit mehr hatte, die Früchte in ein gesichertes Lager zu bringen, ließ er sie einfach im Hof seines Grundstücks abladen. Während der Nacht kamen einige hungrige Tiere und warfen die Melonen durcheinander. Der Gemüsehändler erwachte und begab sich auf den Hof. Dort vertrieb er die Tiere und bedeckte die wieder zusammengetragenen Früchte mit einer Plane. Eine der Melonen hatte er jedoch übersehen und auf diese stürzten sich nun eine Maus, eine Ratte und ein Hamster. Da sich die drei Tiere nun gemeinsam an den Verzehr der Melone machten, wurde diese in kurzer Zeit völlig aufgefressen. Die Maus hätte die Melone in 23 Stunden, die Ratte in 12 Stunden und der Hamster in nur 8 Stunden auffressen können. Welche Zeit benötigten nun alle drei Tiere zusammen, um die Melone vollständig zu verzehren?

75. Eine runde Sache

Ein Drechslermeister bekam von einem Sportklub den Auftrag, 27 große und 729 kleine Kugeln aus Eichenholz anzufertigen. Der Meister erledigte den Auftrag termingerecht und verpackte die Kugeln in zwei gleich große Holzkisten. In der ersten Kiste befanden sich die 27 großen Kugeln, in der zweiten Kiste lagen die 729 kleinen Kugeln. Die Kugeln füllten beide Kisten folgendermaßen aus:
In jeder Kugelschicht befand sich die gleiche Anzahl Kugeln. Die äußeren Kugeln jeder Schicht berührten die Kistenwände, und die Deckel berührten beim Schließen der Kisten die Kugeln der obersten Schicht. Nachdem die Kugeln verpackt waren, schickte der Drechslermeister seine beiden Lehrlinge mit je einer Kiste auf den Weg zum Sportklub, um die Kugeln dort abzuliefern. Als die beiden Lehrlinge eine Weile gelaufen waren, sagte der schwächere von beiden zu seinem Freund:
»Ich glaube, ich trage schwerer als du, obwohl ich der schwächere bin. Wir sollten lieber nachsehen, in welcher der beiden Kisten die geringere Anzahl der Kugeln liegt, denn du hast sicher nichts dagegen, wenn ich diese Kiste trage.«
»Natürlich nicht!« antwortete der stärkere Lehrling, und die beiden öffneten die Kisten, wobei sich herausstellte, daß der schwächere Junge tatsächlich die Kiste mit den 729 Kugeln getragen hatte.
Die Kisten wurden also getauscht und zum Sportklub getragen.
Als die Lehrlinge nach zwei Stunden wieder zur Werkstatt zurückkamen, wartete der Meister schon auf die beiden jungen Lieferanten.
Sie erzählten ihm, daß sie auf dem Weg zum Sportklub die Kisten öffnen mußten und sich deshalb verspätet hätten.
Der Meister hörte ihnen aufmerksam zu und begann, auf diese Erläuterung hin zu lachen.
»Ihr seid wirklich Dummköpfe. Die Kiste mit den 729 kleinen Kugeln war auf keinen Fall schwerer als die mit den 27 großen Kugeln. Ich glaube eher, daß einer von euch zu wenig Muskeln hat!«
»Das glaube ich aber nicht!« sagte daraufhin der schwächere der beiden Lehrlinge zu seinem Meister. »Ich hätte doch bemerkt, wenn die

50

Kiste mit den 27 großen Kugeln schwerer gewesen wäre als die Kiste mit den 729 kleinen Kugeln. Das Beste wird sein, wenn ich die ganze Sache schriftlich berechne.«
Welche der beiden Kisten war die schwerere? Hatten die beiden Lehrlinge wirklich recht mit ihrer Meinung, daß die Kiste mit den 729 kleinen Kugeln schwerer sei als die Kiste mit den 27 großen Kugeln?

KAPITEL 4

Schwierigkeiten treten auf?

(Mathematische Rebusse, arithmetische Mosaiken und magische Quadrate. Sachen, die komplizierter aussehen, als sie wirklich sind!)

---

76. Unmöglicher Auftrag?

Ein Polizist erhielt den Auftrag, einen Falschgeldhersteller zu über-
führen. Nach einigen Tagen hatte er seine Aufgabe erfüllt. Sein wich-
tigstes Beweisstück war ein Zettel mit einer Division, aus der hervor-
ging, wie viele Scheine der Fälscher hergestellt hatte. Auf dem Weg
zum Polizeirevier aber begann es heftig zu regnen. Das Blatt mit der
Division wurde naß, und die Ziffern waren dadurch bis zur Unkennt-
lichkeit verwischt worden. Alle Identifizierungsverfahren verliefen erfolglos. Den einzigen Lichtblick versprachen drei Ziffern, welche nach
langer mühevoller Arbeit als Achten erkannt werden konnten. Der
Beamte mußte nun mit Hilfe dieser drei Ziffern die Rechnung vollständig rekonstruieren. Die Division sah zu diesem Zeitpunkt folgendermaßen aus:

```
x x x x x x x x : x x = x x 8 x x x
x x x
    x x 8
    x x
      x x
      x x
        x 8 x
        x x
```

Wie lautete die vollständige Rechnung?

77. Ein biologisches Problem mathematisch betrachtet

Eines Morgens trafen sich zwei Freunde auf dem Weg zur Schule. Der
eine von beiden, der ein großer Liebhaber von kniffligen Mathematik-
aufgaben war, stellte seinem Begleiter eine höchst merkwürdige Aufgabe, die darin bestand, rechnerisch zu beweisen, daß seine Mutter
und sein Vater zusammen seine Eltern sind. Der Freund erklärte, er
müsse dieses Problem schriftlich durcharbeiten und brachte nach einigen Versuchen die Lösung tatsächlich hervor. Er hatte sich dabei folgende Rechnung überlegt:

```
  VATER
+ MUTTER
  ELTERN
```

Diese Aufgabe sollte jeder selbst einmal durchrechnen. Es gilt dabei,
daß gleiche Buchstaben gleiche Ziffern und verschiedene Buchstaben
verschiedene Ziffern darstellen.
Wie viele Lösungen gibt es für dieses Problem?

78. Zinnsoldaten

Um den Weitblick und die mathematischen Grundkenntnisse seiner
Tochter zu überprüfen, stellte ein Vater die Zinnsoldaten seines Sohnes auf die Ziffern einer Division. Zwei Ziffern ließ er unbedeckt, und
mit Hilfe dieser Ziffern mußte die Tochter die gesamte Aufgabe ver-
vollständigen (s. Abbildung).

Wer das Bild genau betrachtet und die Aufgabe 76 richtig gelöst hat,
dem wird diese hier überhaupt keine Schwierigkeiten bereiten.

79. Mathematiker in der Mathematik

Diese Aufgabe ist eigentlich eine Kuriosität. Die Namen der drei Mathematiker GAUSS, EUKLID und RIESE (mit den Namen GAUSS
und RIESE sind natürlich die beiden Mathematiker Carl Friedrich
Gauß und Adam Ries gemeint) kann man zu einer sinnvollen Addition

zusammenstellen. Zunächst ist diese Aufgabe anzufertigen und wie in 77 auszurechnen. Es sind dabei alle Möglichkeiten herauszufinden.

80. Die kleinste Stadt der Welt

Ein befreundeter Architekt, mit dem ich mich oft angeregt über Stadtplanung unterhielt, stritt ab, daß meine Aussage »Zwei Häuser ergäben schon eine Stadt!« richtig sei. Ich hingegen antwortete ihm, ich könne diese Behauptung sogar mathematisch beweisen. Nachdem er weitere Einwände gemacht hatte, schrieb ich ihm folgende Aufgabe in sein Notizbuch:

$$\begin{array}{r} \text{HAUS} \\ + \text{HAUS} \\ \hline \text{STADT} \end{array}$$

Er rechnete die Aufgabe durch und bestätigte mir ihre Richtigkeit. Es gab wirklich eine Lösung. Wie lautete sie?

81. Wir bauen an

Wer sich die Aufgabe 80 betrachtet, wird feststellen, daß man die Addition um verschiedene Häuser erweitern kann. Aufgabe soll es nun sein, zuerst drei, dann vier, fünf bis zehn Häuser miteinander zu addieren.
(Für einige Formen sind mehrere Lösungen möglich. Alle sind zu finden!)

82. Rechnungen sind zu rekonstruieren

Um das Verständnis für solche Kryptogramme noch ein wenig zu schulen, kann man auch versuchen, einige Multiplikationsaufgaben zu rekonstruieren. Dies ist sicherlich nicht schwerer als die Lösung der vorangegangenen Aufgaben. Die Kryptogramme lauten:

a)
$$\begin{array}{r} \text{x x x} \cdot \text{x x x} \\ \hline \text{x x x} \\ 4\,8\,9\,0 \\ \text{x x x} \\ \hline \text{x x x x x x} \end{array}$$

b)
$$\begin{array}{r} \text{x x 1} \cdot \text{3 x x} \\ \hline \text{x 0 x} \\ \text{x x 3} \\ \text{x x x} \\ \hline 9\,\text{x x x}\,2 \end{array}$$

83. Schwierige Lagen

Um zu testen, welche Schüler noch Schwierigkeiten in den Grund-
rechenarten hatten, schrieb ein Mathematiklehrer folgende Aufgaben
an die Tafel: (s. Abbildung)

Die Lösung dieser beiden arithmetischen Rebusse konnten die Schü-
ler nicht durch Suchen oder planloses Probieren, sondern nur durch
Bezugnahme auf die mathematischen Grundgesetze finden.
Die Ziffern in diesen Rebussen sind durch Buchstaben ersetzt worden,
wobei verschiedene Buchstaben verschiedene Ziffern und gleiche
Buchstaben gleiche Ziffern darstellen.
Zwischen den Buchstaben sind Rechenzeichen, welche auf die horizontalen, von oben nach unten, und die vertikalen, von links nach
rechts gehenden Rechnungen hinweisen. Die Resultate der einzelnen
Aufgaben stehen hinter den Gleichheitszeichen und unter dem Strich.
Die Aufgabe besteht nun darin, die Buchstaben in den beiden Rebussen so durch Ziffern zu ersetzen, daß alle Aufgaben in diesen Rätseln
einzeln und untereinander stimmen. Wer alle Ziffern gefunden hat,
schreibt diese in geordneter Reihenfolge von 0 bis 9 auf und setzt dann
die im Rätsel dafür angegebenen Buchstaben ein. Man erhält dann für
jede Aufgabe einen mathematischen Begriff.

84. Einsatz ist alles

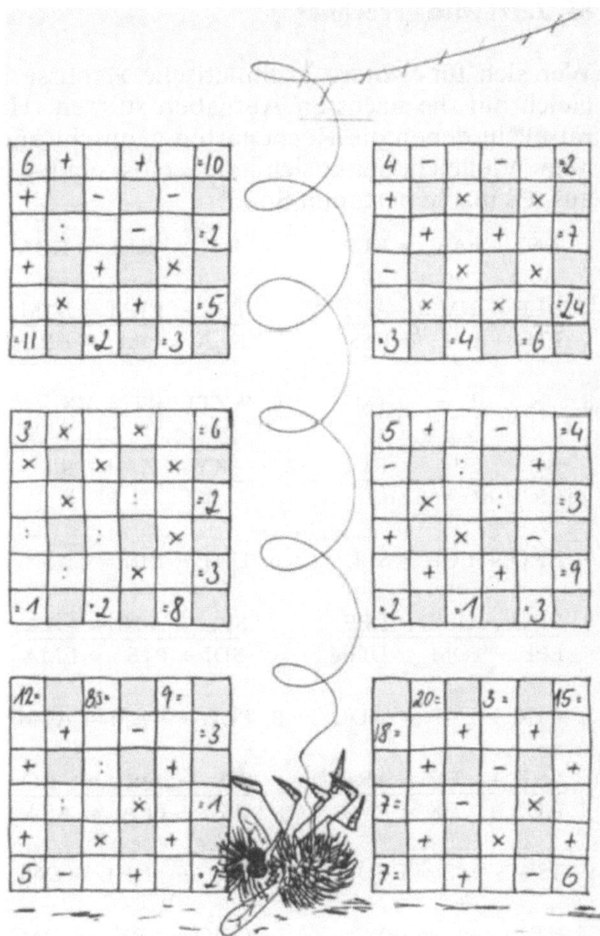

Sicher wissen alle, was Kreuzworträtsel sind. In solche Rätsel kann
man statt Wörter und Buchstaben auch Zahlen und Rechenzeichen
einsetzen. Wie so etwas aussehen kann, ist in der Abbildung zu erkennen. In die leeren Felder müssen die fehlenden Zahlen so eingesetzt
werden, daß die Zahlen hinter den Gleichheitszeichen die richtigen
Ergebnisse für die horizontalen und vertikalen Additions-, Subtrak-
tions-, Multiplikations- und Divisionsaufgaben angeben.

85. Jetzt wird gerechnet

Wer sich für weitere arithmetische Rebusse interessiert, kann sich gleich auf die nächsten Aufgaben stürzen. Hier sind zehn Symbolrätsel, in denen die Rechenarten gemischt und ungemischt vorkommen. Vielleicht denkt sich jeder selbst einmal einige solcher Rebusse aus. Es macht bestimmt Spaß!

1. ANI + PAK = KLP   2. RTO − KEL = KBA
    +   +   +   −   −   −
NLR + NMS = AKT   TBL − ERM = BTM
PTK + LPL = RSS   EEA − OM = BRL

3. N × L =   TM   4. WZTJ : KT = VX
    ×   ×   ×   :   :   :
BC × R =   RL   KY : Z =   R
LR × KC = CMLL   KJ : T =   X

5. ERO + LOR = SLL   6. UAP + SIL = LAS
    −   +   −   −   +   −
LRO − OPE = RPE   SPU − ATP = AAA
LPP + TOM = UOM   SDI + PTS = EMA

7. OEE + LAR = WDU 8. PUL + UAM = ATM
    −   −   −   −   +   −
LNK + ER = ARR   SSL − QR = RQ
AUE + EK = RWE   USL + PLA = ASA

9. TSW − ITS = ETO   10. IIN − NHL = ONL
    −   −   −   −   −   −
NTL − PL = IPW   OOO − BI = BM
STL − OP = NPO   NNO − OBI = LM

KAPITEL 5

Der Weisheit letzter Schluß!

(Ernsthaftes, Komisches und Kurioses aus der Mathematik!)

86. Achilles und die Schildkröte

Einer griechischen Überlieferung zufolge soll der kampferprobte Held Achilles in einem Wettlauf mit einer Schildkröte derselben unterlegen gewesen sein. Dies resultierte trotz der angeblich zehnfachen Geschwindigkeit Achilles gegenüber der Schildkröte aus einem Vorsprung, den unser Held der Schildkröte gewährt hatte.

Diesen Vorsprung benennt man einfach mit x_0. Wenn Achilles diesen Weg x_0 zurückgelegt hatte, war die Schildkröte, die, wie anfangs erwähnt, zehnmal langsamer lief als der Held, die erneute Strecke von x_1 (oder auch $\frac{x_0}{10}$) vorangekommen. Achilles mußte nun die Strecke x_1 durchlaufen, während die Schildkröte den Weg x_2 $\left(\frac{x_1}{10}\right)$ zurücklegte. Dieser Gedankengang läßt sich nun immer weiter fortführen, und man erkennt, daß die Schildkröte dem Held Achilles stets $\frac{1}{10}$ der vorangegangenen Teilstrecke voraus sein mußte. Da eben dieses Resultat beliebig oft wiederholbar ist, ist der Schluß, daß Achilles die Schildkröte niemals einholen konnte, wohl verblüffend, aber dennoch richtig – oder nicht?

Es liegt auf der Hand, daß hier ein Trugschluß vorliegen muß, denn Achilles lief ja zehnmal so schnell wie die Schildkröte und mußte demnach durchaus in der Lage gewesen sein, die Schildkröte zu überholen. Wodurch wird dieser Trugschluß begründet?

Wer findet eine Erklärung dafür oder kann sogar eine allgemeingültige Formulierung aufstellen?

87. Von 0 bis 9

Gesucht sind vier zehnstellige Zahlen, die allesamt die Ziffern 0 bis 9 jeweils einmal enthalten. Dies wäre nicht besonders schwer, wenn nicht jede der vier Zahlen durch 1, 2, 3, 4, 5, 6, 7, 8, 9, 10, 11, 12, 13,

14, 15, 16, 17 und 18 teilbar sein müßte. Wer die Zahlen nicht findet, braucht sich deswegen nicht zu schämen, denn diese Aufgabe ist wirklich nicht einfach.

88. Kurioses Multiplizieren

Ein recht kurioses Multiplikationsverfahren findet man öfters in alten Mathematikbüchern. Es wird heute nicht mehr angewendet, obwohl das Ergebnis, das durch dieses Verfahren erlangt wird, durchaus richtig ist. Bei dieser ungewöhnlichen Multiplikation wird der Faktor x, jeder beliebigen Multiplikationsaufgabe $x \cdot y$, so oft durch 2 dividiert, bis sich der Wert 1 ergibt. Die entstehenden Reste werden dabei vernachlässigt. Gleichzeitig wird der Faktor y fortwährend mit 2 multipliziert und zwar so oft, wie der Faktor x durch 2 dividiert wurde. Als Beispiel dafür multipliziert man:

$$
\begin{array}{rl}
963 \cdot & 486 \\
481 \cdot & 972 \\
240 \cdot & 1944 \\
120 \cdot & 3888 \\
60 \cdot & 7776 \\
30 \cdot & 15\,552 \\
15 \cdot & 31\,104 \\
7 \cdot & 62\,208 \\
3 \cdot & 124\,416 \\
1 \cdot & 248\,832
\end{array}
$$

Aus diesem Schema wurden nun alle Zeilen gestrichen, in denen der linksstehende Faktor x eine gerade Zahl ist:

$$
\begin{array}{rl}
963 \cdot & 486 \\
481 \cdot & 972 \\
15 \cdot & 31\,104 \\
7 \cdot & 62\,208 \\
3 \cdot & 124\,416 \\
1 \cdot & 248\,832
\end{array}
$$

Nun sind alle in der rechten Spalte übriggebliebenen Faktoren y zu addieren, und man erhält das Ergebnis 468\,018, was genau dem Ergebnis der Multiplikationsaufgabe 963 · 486 entspricht.
Wie kann man diese Kuriosität erklären, und worauf beruht sie?

89. Ein unerklärtes Phänomen

Das nun folgende Problem ist ein in der Mathematik noch unerklärtes
Phänomen.
Man schreibe eine beliebige mehrstellige Zahl (keine einzelne Ziffer)
auf und addiere dazu die gleiche Zahl, jedoch mit umgekehrter Zif-
fernfolge (z. B. 67 + 76 oder 12654 + 45621 usw.).
Wenn diese Addition einmal oder auch mehrfach mit dem jeweiligen
Ergebnis der vorangegangenen Berechnung wiederholt wird, stellt
man fest, daß irgendwann unbedingt eine sogenannte symmetrische
Summe entsteht. Einige Beispiele dazu:

17	27017	94	249	usw.
+ 71	+ 71072	+ 49	+ 942	
88	98089	143	1191	
		143	1191	
		+ 341	+ 1911	
		484	3102	
			3102	
			+ 2013	
			5115	

Es gibt aber auch tückische Zahlen, bei denen man sehr viele Additionen durchführen muß, um auf eine symmetrische Summe zu stoßen.
Eine davon ist die Zahl 89. Die symmetrische Summe ergibt sich erst
nach genau 24 Additionen, und sie lautet: 8813200023188.
Eine weitere tückische Zahl ist die 196. Nach 75 Additionen ist die bis
dahin schon 36stellige Summe immer noch nicht symmetrisch.

90. Ein Spiel

Das nun folgende Spiel ist im weitesten Sinne keine mathematische
Kuriosität, verblüfft aber dennoch durch eine ungeheure Wirkung auf
den Betrachter. Nachfolgend sind sieben Gruppen mit jeweils 64 Zahlen (von 1 bis 127) aufgeschrieben. Wenn man nun einen Freund oder
Bekannten bittet, sich irgendeine beliebige Zahl zwischen 1 und 127 zu
merken, so ist man wenige Sekunden später in der Lage, diese gemerkte Zahl herauszufinden. Der Freund muß nur die Zahlengruppen
zeigen, in denen die gemerkte Zahl vorhanden ist. Das einzige, was
dann noch zu tun verbleibt, ist die Addition der jeweils ersten Zahlen
der beschriebenen Gruppen.
Beispiel: Die gemerkte Zahl sei 29.

Die 29 steht in den Zahlengruppen a), c), d) und e). Man addiert nun
die ersten Zahlen dieser Gruppen und erhält:
1 + 4 + 8 + 16 = 29!
Wie ist das möglich?

a)

1	3	5	7	9	11	13	15	17	19
21	23	25	27	29	31	33	35	37	39
41	43	45	47	49	51	53	55	57	59
61	63	65	67	69	71	73	75	77	79
81	83	85	87	89	91	93	95	97	99
101	103	105	107	109	111	113	115	117	119
121	123	125	127						

b)

2	3	6	7	10	11	14	15	18	19
22	23	26	27	30	31	34	35	38	39
42	43	46	47	50	51	54	55	58	59
62	63	66	67	70	71	74	75	78	79
82	83	86	87	90	91	94	95	98	99
102	103	106	107	110	111	114	115	118	119
122	123	126	127						

c)

4	5	6	7	12	13	14	15	20	21
22	23	28	29	30	31	36	37	38	39
44	45	46	47	52	53	54	55	60	61
62	63	68	69	70	71	76	77	78	79
84	85	86	87	92	93	94	95	100	101
102	103	108	109	110	111	116	117	118	119
124	125	126	127						

d)

8	9	10	11	12	13	14	15	24	25
26	27	28	29	30	31	40	41	42	43
44	45	46	47	56	57	58	59	60	61
62	63	72	73	74	75	76	77	78	79
88	89	90	91	92	93	94	95	104	105
106	107	108	109	110	111	120	121	122	123
124	125	126	127						

e)

16	17	18	19	20	21	22	23	24	25
26	27	28	29	30	31	48	49	50	51
52	53	54	55	56	57	58	59	60	61
62	63	80	81	82	83	84	85	86	87
88	89	90	91	92	93	94	95	112	113
114	115	116	117	118	119	120	121	122	123
124	125	126	127						

f)

	32	33	34	35	36	37	38	39	40	41
	42	43	44	45	46	47	48	49	50	51
	52	53	54	55	56	57	58	59	60	61
	62	63	96	97	98	99	100	101	102	103
	104	105	106	107	108	109	110	111	112	113
	114	115	116	117	118	119	120	121	122	123
	124	125	126	127						

g)

	64	65	66	67	68	69	70	71	72	73
	74	75	76	77	78	79	80	81	82	83
	84	85	86	87	88	89	90	91	92	93
	94	95	96	97	98	99	100	101	102	103
	104	105	106	107	108	109	110	111	112	113
	114	115	116	117	118	119	120	121	122	123
	124	125	126	127						

KAPITEL 6

Mathematik zum Spielen, mit Spielen!

(Von Schachbrettern, Dominosteinen und Streichhölzern!)

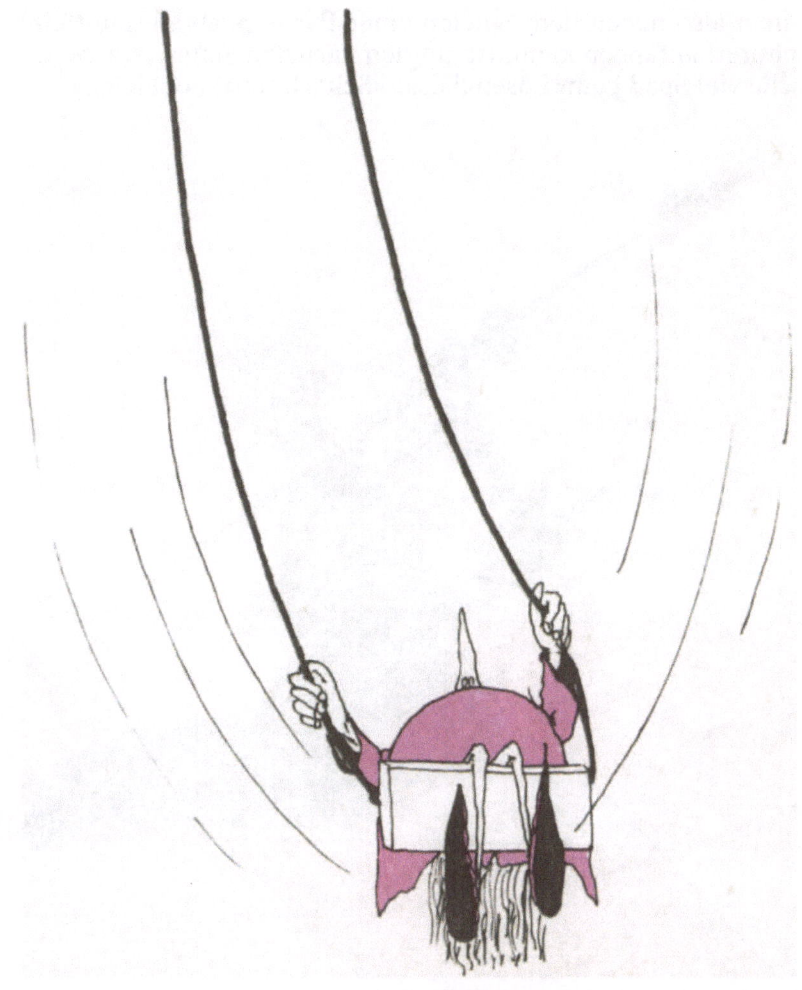

ABSCHNITT A

Schachbrettknobeleien

In diesem ersten Abschnitt des letzten Kapitels werden Aufgaben behandelt, die sich aus dem Aufbau des Schachbrettes und seiner Bespielmöglichkeiten ergeben. Dazu ist das Kennen des Schachspiels als solches nicht notwendig, obwohl es auf keinen Fall von Nachteil wäre. Vielleicht weckt dieses Kapitel bei einigen sogar das Interesse für das Schachspiel, denn es ist eines der vielseitigsten und lehrreichsten Spiele überhaupt.
Was man also neben dem Spielen einer Partie noch alles mit einem Schachbrett anfangen kann, ist auf den nächsten Seiten zu sehen. Ich wünsche viel Spaß beim Lösen dieser »Schachbrettknobeleien«!

91. Der kluge Paladni

In Persien, dem heutigen Iran, lebte vor vielen hundert Jahren ein weiser Mann namens Paladni. Er galt als der beste Schachspieler, den die Erde jemals hervorgebracht hatte. Ein mächtiger Schah, der ebenfalls sehr gut spielte, wollte diesem Gerücht keinen Glauben schenken. Aus diesem Grund befahl er den weisen Paladni zu sich, um eine Partie Schach mit ihm zu absolvieren. Würde Paladni den Schah besiegen, so hätte er einen Wunsch frei. Verlöre er aber gegen den Herrscher, so hätte er sein Leben verwirkt.

Paladni war mit diesen Bedingungen einverstanden und setzte den Schah nach bereits sieben Zügen »Schach matt«. Der Schah, der ein sehr eingebildeter alter Herrscher war, verlangte nun von Paladni dessen Wunsch zu hören, wobei er laut verkünden ließ, daß es kein Verlangen gäbe, welches er nicht erfüllen könne. Als Paladni dies hörte, begann er zu schmunzeln und erbat sich eine Nacht Bedenkzeit. Diese gewährte ihm der Schah, und der weise Mann zog sich zum Überdenken seines Wunsches in seine Gemächer zurück.

Am nächsten Tag verkündete Paladni dem Schah folgenden Wunsch: »Eigentlich habe ich alles, was ein Mensch zum Leben benötigt! Das einzige, was du mir geben könntest, wäre ein wenig Reis. Ich möchte die Menge des Reises nach dem Schachbrett berechnen, wobei auf dem ersten Feld des Brettes ein Reiskorn liegen soll. Auf dem zweiten Feld das Doppelte, nämlich zwei Reiskörner. Auf dem dritten Feld wiederum das Doppelte, also vier Körner. Weitergeführt heißt das: auf dem vierten Feld acht Körner, auf dem fünften Feld 16 Körner usw.

Ich bin aber davon überzeugt, daß du, trotz deiner Ansicht, jeden Wunsch erfüllen zu können, mir meinen Reis höchstwahrscheinlich nicht ausbezahlen kannst.«

Als der Schah diesen Wunsch, der ihm als Verhöhnung seiner Person erschien, vernahm, ließ er wutentbrannt Paladni in den Kerker werfen. Dort mußte der weise Mann einige Monate schmachten, bis die liebreizende Tochter des Schahs ihren Vater besänftigte und dieser endlich den Befehl zur Freilassung Paladnis gab.

Um sich als großmütiger Herrscher feiern zu lassen, veranstaltete der Schah ein großes Fest, auf welchem er Paladni, vor den Augen der Öffentlichkeit, den geforderten Reis ausbezahlen wollte.

Aufgabe soll es nun sein, eine allgemeine Gleichung zur Lösung dieses Problems aufzustellen.

Konnte der Schah tatsächlich Paladnis Wunsch erfüllen oder blamierte er sich vor den versammelten Höflingen und Untertanen?

92. Das verrückte Rössel

Die erste Abbildung zeigt ein Schachbrett, auf dem die acht weißen und die acht schwarzen Bauern in einer bestimmten Formation aufgestellt wurden. Zu ihrem Unglück wurde jedoch ein schwarzes Rössel irrsinnig und versuchte nicht nur die weißen, sondern auch die schwarzen, also die eigenen Bauern zu schlagen. Auf welchem Feld das Rössel stand, als es mit seinem Schlagen der Bauern begann, ist nicht mehr bekannt. Es hat jedoch alle Bauern mit der geringst möglichen Anzahl von Sprüngen geschlagen.

Man stelle nun die Situation auf einem Schachbrett nach und versuche, den Vorgang zu rekonstruieren. Dann nehme man ein schwarzes Rössel und stelle es auf ein beliebiges freies Feld. Wie viele Züge sind mindestens erforderlich, um alle Bauern zu schlagen?

Für diejenigen, die noch nichts über das Schachspiel wissen, sei gesagt, daß ein Rössel im Schachspiel sich immer um zwei Felder fortbewegen muß. Dies kann in jeder Richtung erfolgen, wobei aber darauf geachtet werden soll, daß das erste Feld schräg und das zweite Feld gerade oder das erste Feld gerade und das zweite Feld schräg überquert wird (s. untere Abbildung).

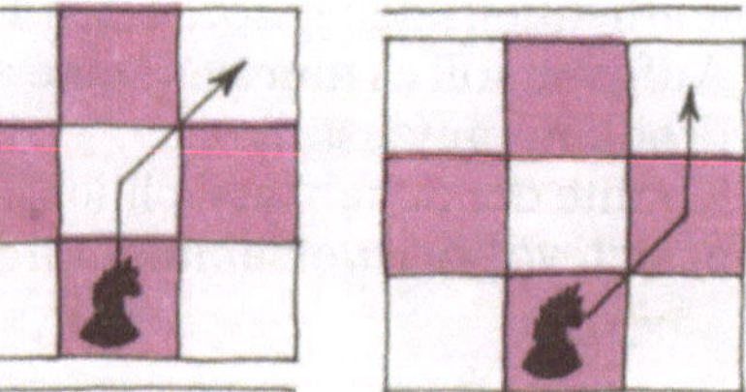

93. Ein unmögliches Vorhaben?

Nachdem das Rössel aus Aufgabe 92 alle Bauern geschlagen hatte, konnte es doch noch eingefangen werden. Man versuchte die Ursache der Verrücktheit herauszufinden und gelangte zu einem sonderbaren Ergebnis. Das Rössel hatte nämlich kurz vorher immer wieder versucht, von seinem Standpunkt, dem Feld a1, auf seine spezielle Art (ein Feld gerade – eines schräg oder umgekehrt) das Feld h8 zu erreichen und dabei jedes andere Feld des Schachbrettes nur einmal zu berühren. Dieser Versuch ist jedoch von vornherein zum Scheitern verurteilt, genauer gesagt, es ist unmöglich.
Es ist zu beweisen, daß dieses Vorhaben des Rössels tatsächlich unmöglich gewesen war.

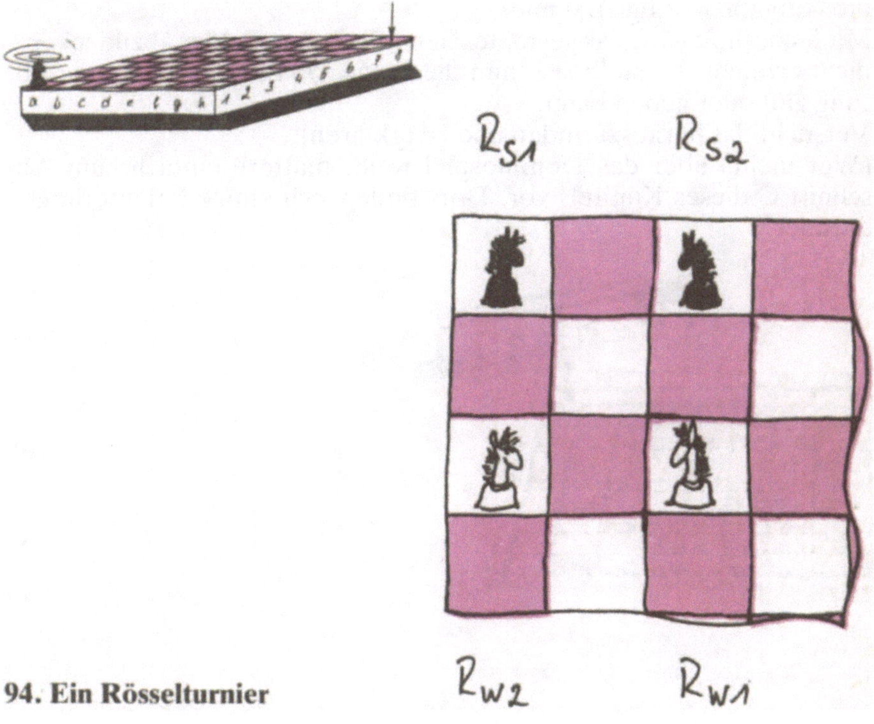

94. Ein Rösselturnier

Die vier Rösselreiter eines Schachspiels wollten ein Turnier besonderer Art veranstalten. Auf dem Schachbrett wurde ein Quadrat, aus neun Feldern bestehend, abgegrenzt. Auf den vier Eckfeldern dieses Quadrates standen sich die zwei schwarzen und die zwei weißen Rössel des Spiels gegenüber (Abbildung). Es ging nun darum, die Plätze, auf denen die weißen Rössel standen, mit den schwarzen Rösseln zu besetzen und umgekehrt. Es durfte sich nur im abgegrenzten Quadrat be-

wegt werden. Wie viele Züge sind zur Erreichung des Turnierzieles
mindestens notwendig, und in welcher Reihenfolge mußten die Rössel
springen?

95. Die zwei Könige – ein unlösbares Problem?

Auf dem Schachbrett stehen die zwei Könige (Abbildung). Der weiße
steht auf dem Feld a1, der schwarze auf dem Feld h8. Man nimmt nun
ein Dominospiel und versucht, die freien Felder mit den Steinen vollständig abzudecken (jeweils zwei Felder mit einem Dominostein).
Diese Aufgabe erscheint sicher als die einfachste, die in diesem Abschnitt bisher gestellt wurde, jeder wird sich jedoch wundern, wenn er
die Aufgabe in Angriff nimmt.
Mit Sicherheit wird das gestellte Ziel – alle freien Felder abzudecken –
nicht erreicht. Es stellt sich nun die Frage, ob es überhaupt eine Lösung gibt oder geben kann.
Versucht das herauszufinden und zu erklären!
(Wer nichts über das Dominospiel weiß, blättere einfach zum Abschnitt C dieses Kapitels vor. Dort finden sich einige Erläuterungen
darüber.)

ABSCHNITT B

Streichholzwissenschaften

In diesem Abschnitt geht es ausschließlich um Streichhölzer. Es wird vielen unwahrscheinlich vorkommen, aber es stimmt, daß man sich mit einer Schachtel Streichhölzer stundenlang unterhalten kann. Scherzaufgaben, das Legen von mathematischen Aufgaben, Geometrie und Beweisführung, alles ist möglich.
Die nun folgenden Aufgaben, welche das Thema behandeln, werden sicher viele Freunde unter den Denkern finden. Keiner sollte aber den Fehler begehen, nur diese Aufgaben zu lösen und dann zum nächsten Kapitel überzugehen. Vielmehr sollte jeder eigene Aufgaben und Knobeleien entwickeln. Dies wird sicher genau so viel Spaß machen. Man nehme sich also nun etwas Zeit und eine Schachtel Streichhölzer und stürze sich in die »Streichholzwissenschaften«!

96. Wir beginnen mit Einfachem

Man lege sich auf dem Tisch 3 Streichhölzer zurecht. Aus diesen
Streichhölzern sollen nun 4 werden. Bedingung dabei ist aber, das kein
Streichholz zerbrochen werden darf.

97. Streichholzmathematik

Mit Hilfe von Streichhölzern sind die in der Abbildung gezeigten Gleichungen nachzulegen. Alle drei Gleichungen sind, wie man sieht,
falsch. Sie lauten:

a) $9 - 7 = 20$
b) $1 + 30 = 20$
c) $6 - 4 = 9$

Diese fehlerhaften Gleichungen sind zu korrigieren, indem bei a) zwei
Streichhölzer und bei b) und c) jeweils ein Streichholz umgelegt werden.

98. Kleine Sprünge, die es in sich haben

18 Streichhölzer sind wie in der Abbildung nebeneinander zu legen
und der Reihe nach zu numerieren, damit sich die Lösung mit der im
Lösungsteil angegebenen besser vergleichen läßt.

Aufgabe soll es nun sein, mit den 18 Streichhölzern 6 Dreiergruppen
zu bilden, indem die Hölzer einzeln umgelegt werden. Man muß bei
jedem Umlegen drei Streichhölzer überspringen und das Streichholz
auf das vierte Streichholz oder Streichholzpaar legen. Falls mit einem
Streichholz eine Zweiergruppe übersprungen wird, gilt dies natürlich
als zwei übersprungene Einzelhölzer. Die Aufgabe ist in 12 Zügen zu
lösen. Wer sich den Lösungsweg notiert hat, kann versuchen, 12, 15,
21, 24 . . . usw. Streichhölzer nach derselben Form umzulegen.
Für welche kleinste Anzahl von Streichhölzern ist ein solches Umlegen
möglich? Die Lösung ist möglichst verallgemeinert darzustellen!

99. Geometrie mit Streichhölzern

Da Streichhölzer gerade sind, kann man mit ihnen alle geradlinigen
geometrischen Figuren darstellen. Am beliebtesten sind hierbei die
Quadrate. Welche Variabilität in diesen kleinen Hölzchen steckt, läßt
sich am besten an einem Beispiel erläutern.

24 Streichhölzer liegen auf dem Tisch. Die Frage könnte nun lauten, wie viele Quadrate sich aus dieser Anzahl Hölzer bilden lassen. Sofort ersichtlich ist, daß die Länge der Seiten der Quadrate auf jeden Fall ein Vielfaches von 4 sein muß.
Bei einer Seitenlänge von sechs Streichhölzern erhielte man ein einziges Quadrat. Bei einer Seitenlänge von drei Hölzern würden zwei und bei einer Seitenlänge von zwei Hölzern schon drei gleichgroße Quadrate entstehen (s. folgende Abbildungen).
Ein Streichholz je Seite ergäbe schon sechs gleiche Quadrate. Das ist bemerkenswert, läßt sich aber noch weiter führen, indem man die

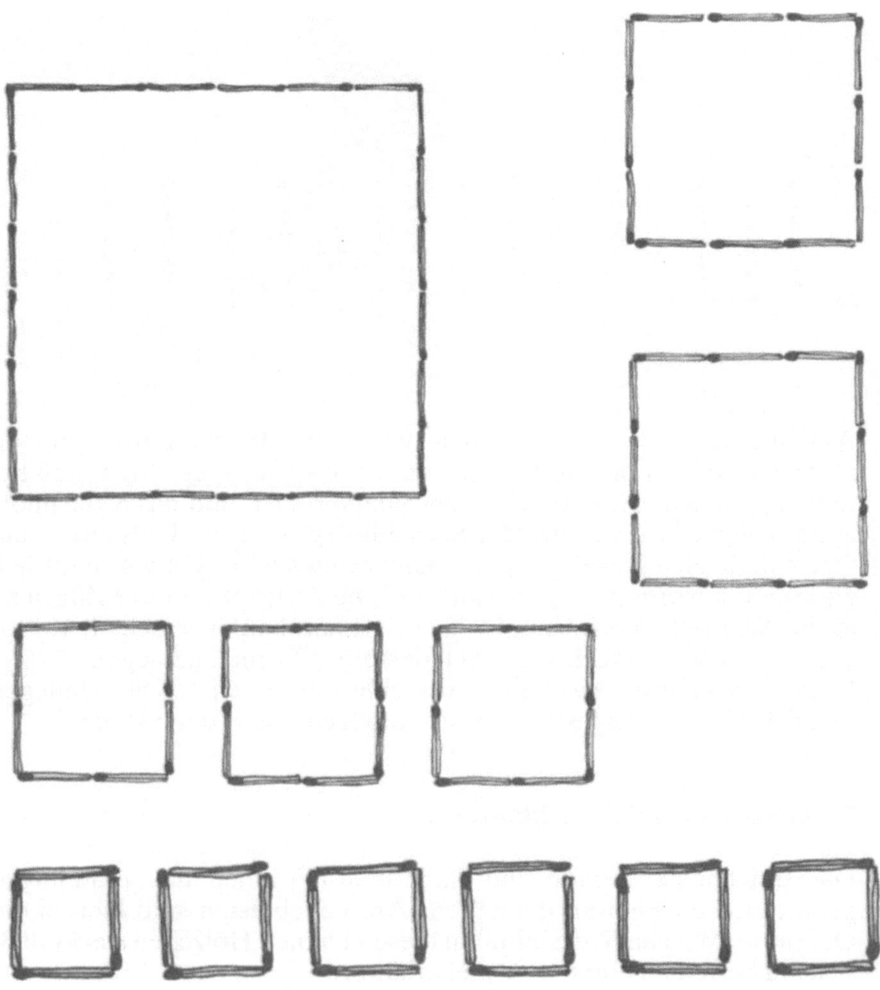

gleichgroßen Quadrate derart zusammenlegt, daß sich zusätzlich noch Quadrate anderen Umfangs ergeben (s. folgende Abbildungen). Es könnten dann aus zwei drei und aus drei schon sieben Quadrate ge-

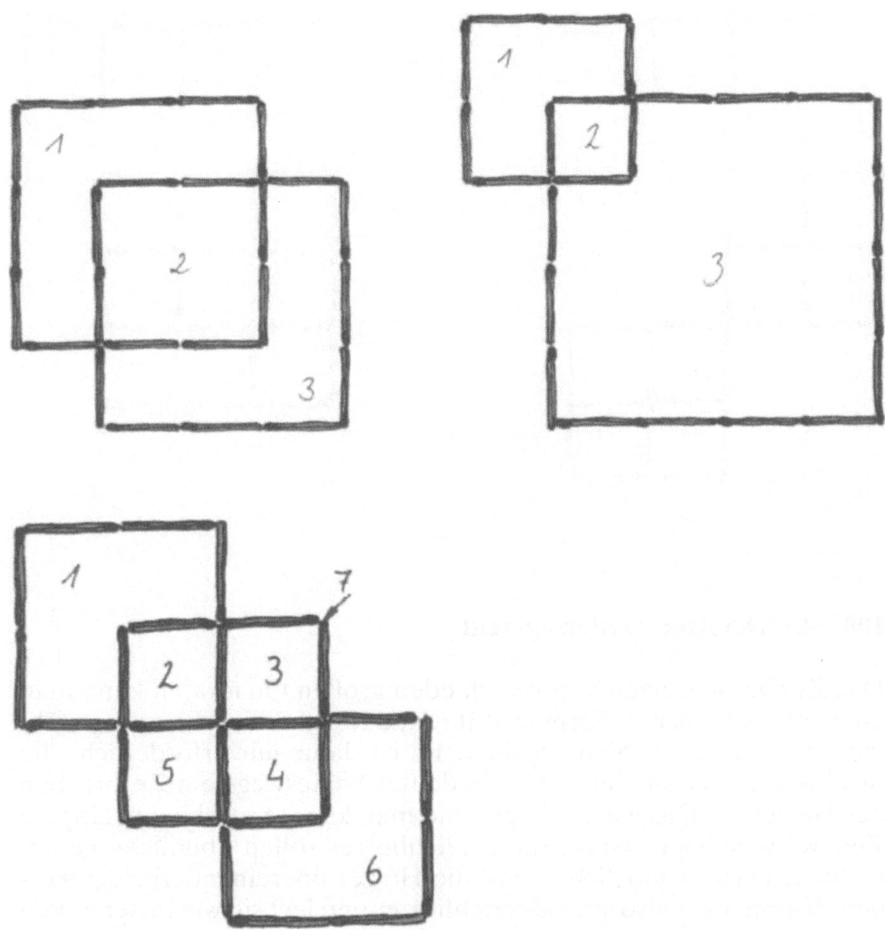

macht werden. Aus dieser Grundlage heraus ergibt sich folgende Aufgabe, bei der das Verständnis für das bisher Erläuterte geprüft werden soll.

Aus 24 Streichhölzern wurden gleichgroße Quadrate auf eine Weise zusammengesetzt, bei der sich noch zusätzliche Quadrate mit anderem Umfang ergaben. Es sind nun **alle** Quadrate in den Figuren aus den Abbildungen auf der nächsten Seite oben auszuzählen. Wie viele sind es in den verschiedenen Figuren?

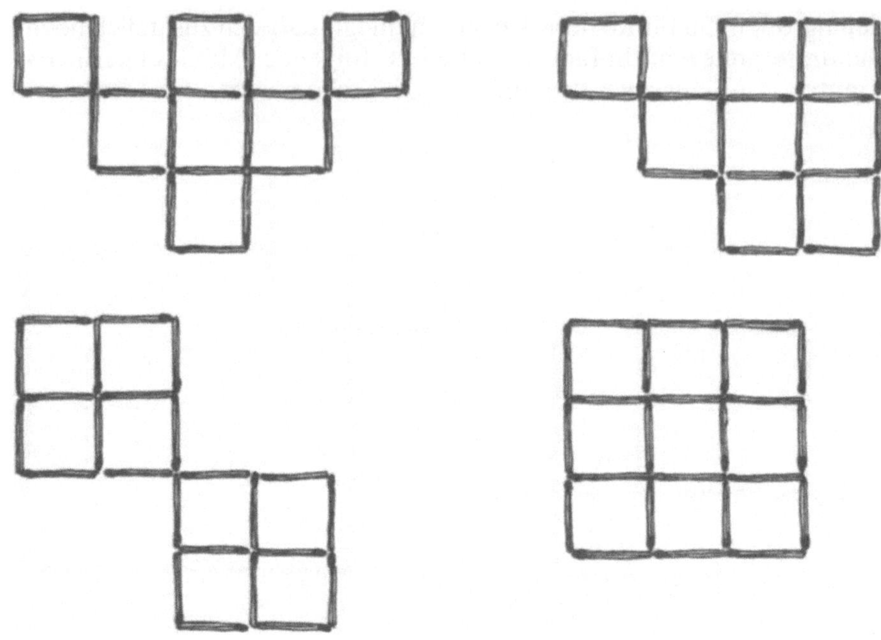

100. Streichhölzer werden »geteilt«

Das Zusammensetzen von verschieden großen Quadraten kann man auch in einer solchen Form ausführen, daß sich beim Zusammenzählen enorm hohe Zahlen ergeben. Es ist dafür nur erforderlich, die Streichhölzer zu »teilen«. Das bedeutet keineswegs ein Zerbrechen der Hölzchen. Das wäre schade, und man könnte wohl kaum längere Zeit weiterspielen. Nein, die Streichhölzer sollen »bildlich« geteilt werden. Dies ist möglich, wenn die Hölzer übereinandergelegt werden. Nimmt man also sechs Streichhölzer und legt sie wie in der linken Abbildung angegeben, so erhält man bereits fünf Quadrate, da die Seitenlänge jetzt nur noch ein halbes Streichholz beträgt. Bei einem Drittel Streichholzlänge je Seite würden sich bei acht Streichhölzern eine Anzahl von 14 Quadraten ergeben (s. zweite Abbildung).
Wollte man nun die auf dem Tisch liegenden 24 Hölzchen in der gleichen Form zusammenlegen (s. rechte Abbildung), so erhielte man 27 gleichgroße und 42 verschieden große Quadrate.
Nun stellt sich die Frage, wie viele gleichgroße Quadrate sich aus den 24 Streichhölzern auf diese Weise höchstens bilden lassen. Wer weiß es?

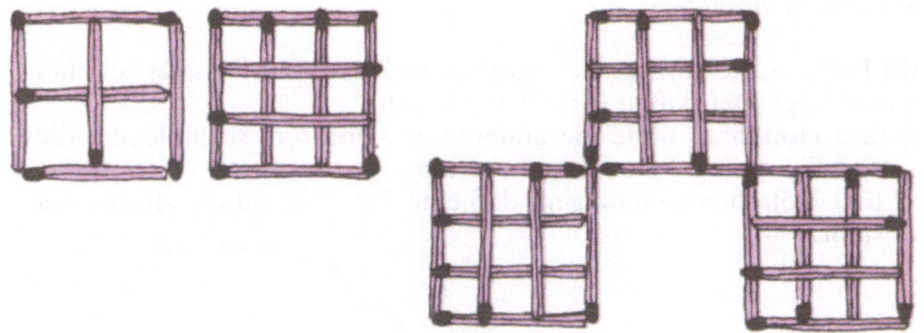

101. Zwei Quadrate sollen entstehen

In der Abbildung sind zwei Streichhölzer so umzulegen, daß zwei Quadrate entstehen.

102. Und noch einmal

In dieser Figur (Abbildung) sind ebenfalls zwei Streichhölzer umzulegen. Nur sollen diesmal ein Rechteck und ein Quadrat gebildet werden.

103. Das Häuschen

Mit 16 Streichhölzern ist die Figur nachzulegen. Die Fassade des Hauses soll folgendermaßen verändert werden:
a) drei Hölzchen, ohne die anderen zu berühren, so umlegen, daß eine Figur aus 17 Quadraten entsteht,
b) fünf Hölzchen so umlegen, daß eine Figur aus 20 Quadraten entsteht.

104. Der Springbrunnen

Die Figur in der Abbildung soll einen Springbrunnen darstellen. Der äußere Ring aus zwölf Streichhölzern soll die Einfassung sein, der innere ist der Sockel für die Wasserspeier. Diese Wasserspeier sind defekt und müssen ausgewechselt werden. Der Monteur, welcher dies

bewerkstelligen soll, hat sich zwei Bretter (in unserem Falle zwei Streichhölzer) mitgenommen, um die Wasserfläche vom Brunnenrand zum Sockel zu überbrücken. Wie sicher bemerkt wurde, sind die beiden Bretter zu kurz, da sie die gleiche Länge haben, wie die Wasserfläche des Brunnens breit ist.

Wie kann der Monteur die Arbeit am Sockel trockenen Fußes ausführen?

105. Streichhölzer sollen weggenommen werden

In der Abbildung sieht man 60 Streichhölzer, die zu 25 kongruenten Quadraten aufgelegt sind. Die Aufgabe besteht darin, aus der Figur so viele Streichhölzer wegzunehmen, daß nur noch ein Quadrat gebildet wird.

Wie viele Streichhölzer sind es mindestens?

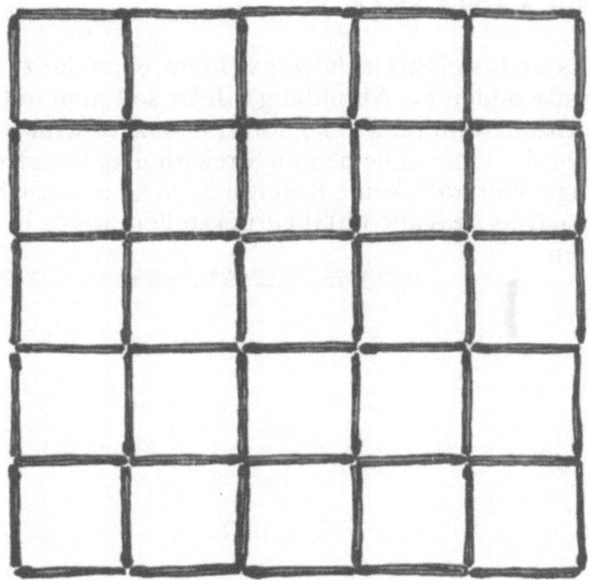

106. Das »Gitter«

In dem auf der nächsten Seite dargestellten Gitter sind 22 Streichhölzer so umzulegen, daß sich drei verschieden große Quadrate ergeben. Außerdem soll durch Umlegen von 24 Streichhölzern die Figur in drei gleiche Quadrate geteilt werden.

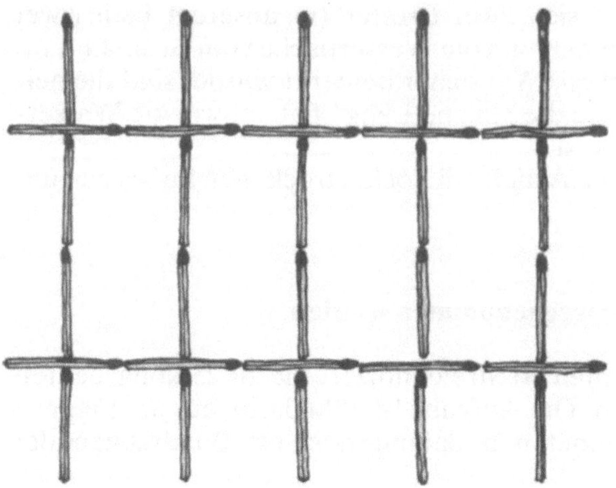

107. Gerade oder nicht?

Es sind zwei Streichhölzer so hintereinander zu legen, daß sie eine Gerade bilden (s. Abbildung). Jetzt soll man mit einer beliebig großen Anzahl weiterer Streichhölzer einen konstruktiven Beweis finden, der die Aussage: »Die beiden Streichhölzer bilden eine Gerade« rechtfertigt. Wer noch keine Kenntnisse in Geometrie hat, kann diese und die nächste Aufgabe (108) zurückstellen, bis er in der Lage ist, sie zu lösen.

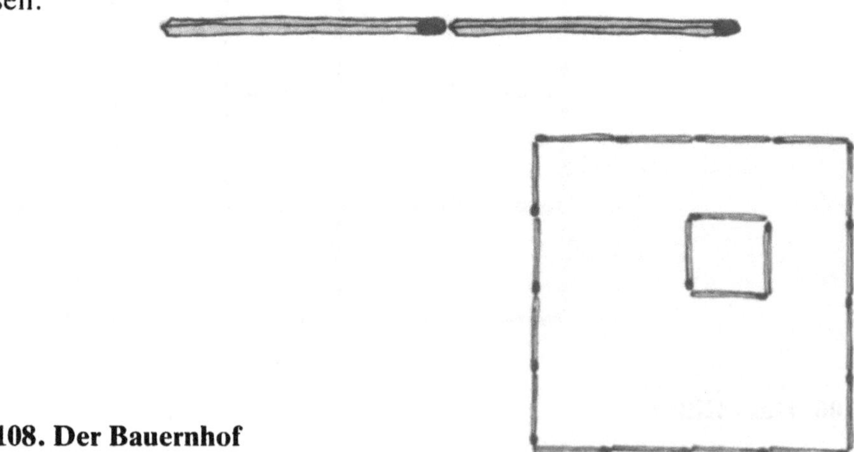

108. Der Bauernhof

In der obigen Figur sind mit Hilfe von 20 Streichhölzern ein Bauernhof und das auf ihm stehende Haus darzustellen. Jeder stelle sich nun vor, ein Bauer, welcher fünf Söhne hat, wäre vor das Problem gestellt wor-

den, diesen Hof in fünf kongruente Teile zu trennen.
Ist dies mit 10 Streichhölzern möglich?

109. Wir erweitern

Die Seitenlänge des in Aufgabe 108 gezeigten Bauernhofes wird um
eine Streichholzlänge erweitert, und das Haus ist in die Mitte des Ho-
fes zu verlegen (s. Abbildung). Dieses Grundstück ist jetzt zu zerlegen:
a) mit 18 Streichhölzern in sechs kongruente Teile,
b) mit 20 Streichhölzern in acht kongruente Teile,
c) mit 24 Streichhölzern in zwölf kongruente Teile!

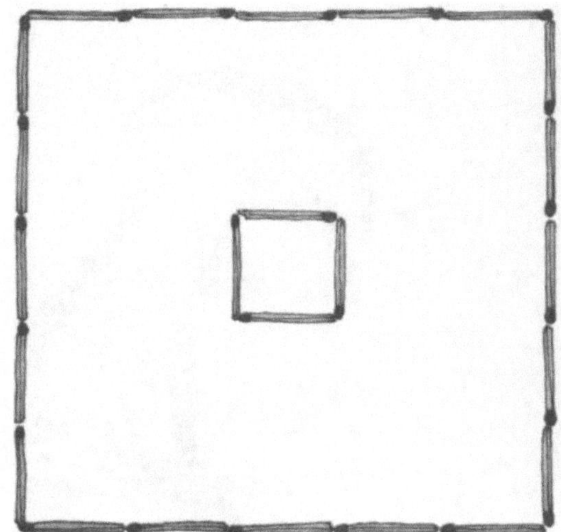

110. Ein Quadratmeter Streichhölzer

Wer sagt ganz schnell, wie viele Streichhölzer man benötigen würde,
um einen Quadratmeter Fläche mit Quadraten von einem Streichholz
Seitenlänge auszulegen, wenn ein Streichholz die Länge von 4 cm hat?

ABSCHNITT C

Domino

Jetzt wollen wir uns mit Dominosteinen beschäftigen. In diesem Abschnitt werden Aufgaben vorgestellt, bei denen man zwar rechnen
muß, die man aber auch spielerisch lösen kann. Dazu sind die 28 Steine
eines Dominospiels nötig und etwas Platz. Wer ein solches Spiel nicht
besitzt, muß sich dasselbe nicht extra kaufen. Es läßt sich ganz einfach
aus 28 Papprechtecken herstellen.
Wie, das steht auf der nächsten Seite.

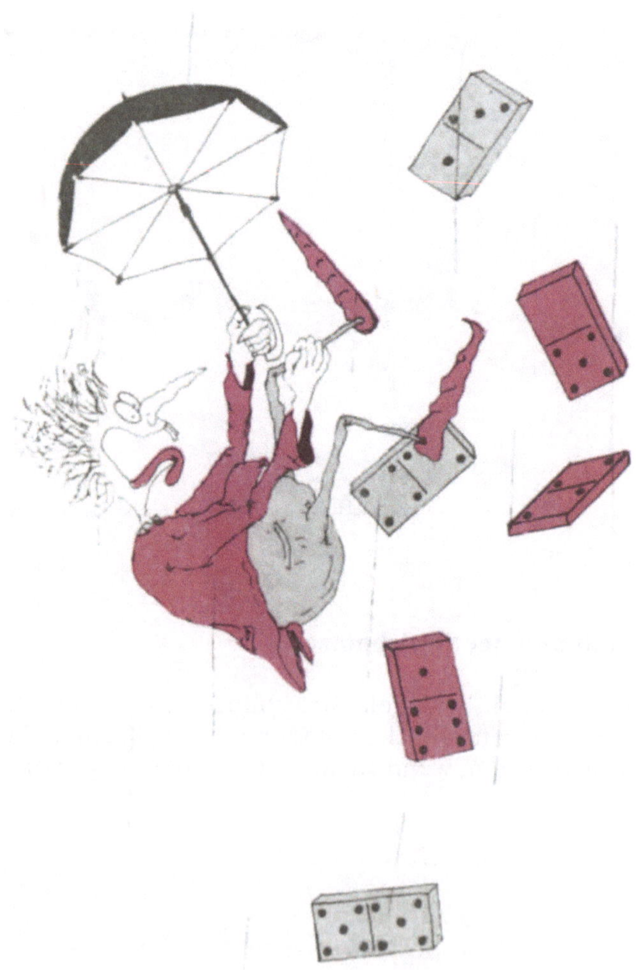

111. Das Dominospiel

Ein Dominospiel besteht aus 28 rechteckigen Täfelchen, die jeweils in zwei Quadrate aufgeteilt sind. Auf diesen Quadraten sind Punkte derart angebracht, daß sie eine der möglichen Kombinationen zu je 2 aus den Zahlen 0, 1, 2, 3, 4, 5 und 6 darstellen. Jeder Dominostein wird also durch zwei bestimmte Anzahlen von Punkten auf seinen beiden Quadraten eindeutig charakterisiert. Die Summe aller auf dem Stein vorhandenen Punkte bestimmt seine »Augenzahl«.
Ein Stein, der auf beiden Quadraten gleiche Punktzahl aufweist, wird als »Pasch« bezeichnet.
Um die Schreibweise für einen Dominostein zu vereinfachen, werden nur die Ziffern benutzt, die die Menge der Punkte auf den Quadraten angeben und diese durch einen Bindestrich trennen. Der Stein (drei Punkte »oben« und einen Punkt »unten«) würde dann einfach 1–3 heißen. Nach diesem System kann man die Dominosteine eines Spieles folgendermaßen angeben:

0–0,
0–1, 1–1,
0–2, 1–2, 2–2,
0–3, 1–3, 2–3, 3–3,
0–4, 1–4, 2–4, 3–4, 4–4,
0–5, 1–5, 2–5, 3–5, 4–5, 5–5,
0–6, 1–6, 2–6, 3–6, 4–6, 5–6, 6–6.

Wie die Steine eines Spieles aussehen, ist in der Figur abgebildet.

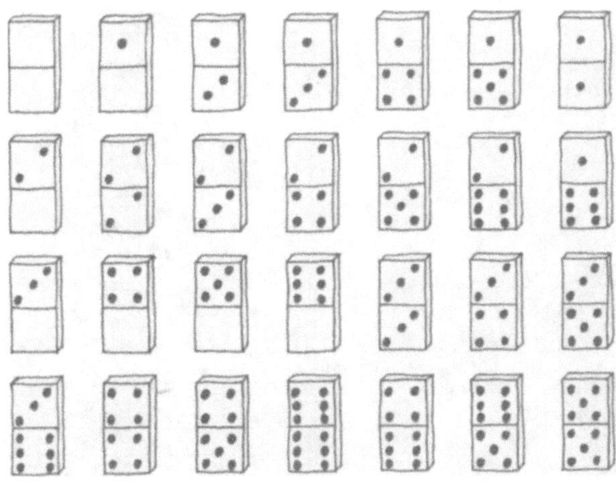

112. Eine klare Sache

Der Sinn des Dominospiels besteht darin, daß mehrere Spieler (zwei bis vier) der Reihe nach einen Stein ihrer zugeteilten Menge an einen schon auf dem Tisch liegenden Stein anlegen. Dabei muß ein gleiches Augenpaar die Verbindung herstellen (s. Abbildung).
Jeder stelle sich vor, eine solche Kette würde mit dem Dominostein 6–2 beginnen, und alle restlichen 27 Steine des Spiels sind an die Seite des Dominosteines anzulegen, die die Augenzahl »6« trägt. Welche Augenzahl würde das letzte Quadrat des letzten Steins zeigen? Zunächst ist diese Aufgabe gedanklich zu lösen und erst danach praktisch zu vollziehen. Es soll auch begründet werden, warum der letzte Stein diese Augenzahl zeigen muß.

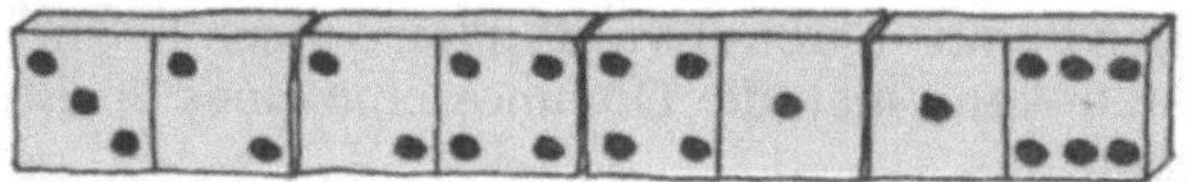

113. Addieren mit Dominosteinen

Mit Hilfe einzelner Dominosteine ist es möglich, Additionsaufgaben darzustellen. Dabei wird ein Stein als eine zweistellige Zahl angesehen. Wie eine solche Addition lauten könnte, ist in der Abbildung zu erkennen.

Normalerweise bereiten solche Aufgaben keine Probleme. Schwierig wird es erst, wenn mehrere Additionen durch eine vorher festgelegte Anzahl von ein- und zweistelligen Zahlen angegeben werden sollen. Mit allen 28 Dominosteinen eines Spieles ist zu versuchen, daraus vier Additionsaufgaben mit gleicher Anzahl Summanden derart zu legen, daß das Ergebnis immer 231 beträgt.

114. Es geht auch anders

Man kann eine Addition mit Dominosteinen auch anders durchführen, als es in Aufgabe 113 beschrieben wurde. Dazu muß man alle »Pasche« und alle blanken Steine (Steine, bei denen ein Quadrat keine Augenzahl zeigt) aus dem Spiel entfernen. Die restlichen 15 Dominosteine kann man jetzt als Brüche (echte und unechte) ansehen und sie addieren. Ein Beispiel dafür ist in der folgenden Abbildung zu sehen.

Die Aufgabe besteht darin, mit den 15 Dominosteinen jeweils drei Additionen mit genau fünf Summanden zu bilden, die einmal $2\frac{1}{2}$, 4 und 6 ergeben.

115. An jeder Seite gleich

Alle 28 Dominosteine eines Spiels sind nach den Dominoregeln in
Form eines Rahmens zusammenzulegen (Abbildung). Der Rahmen
soll eine Seitenlänge von sieben Steinen haben, und die Summe aller
Augen einer Seite muß genau 44 sein.

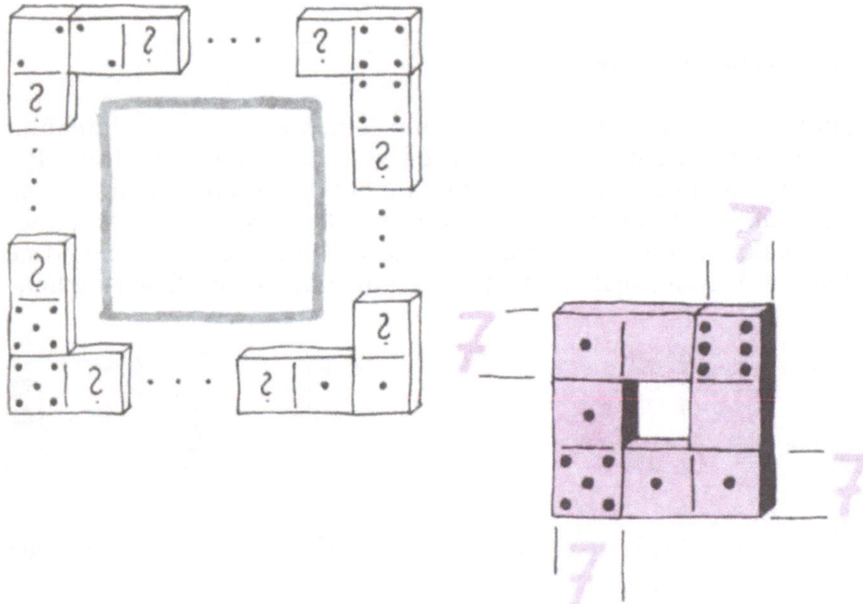

116. Sieben kleine Brunnen

Dominosteine kann man nicht nur zu Rahmen zusammenlegen, sondern auch zu anderen Figuren. Eine davon ist in der rechten Abbildung zu sehen. Die folgende Aufgabe soll nun sein, sieben solcher
»Brunnen« mit den 28 Steinen eines Spiels auszulegen. Dabei muß die
Augenzahl aller Seiten **eines** Brunnens gleich sein.

117. 200 Dominosteine

In der Abbildung auf der nächsten Seite sind 200 Dominosteine zu einem Quadrat ausgelegt. Dieses Quadrat besteht aus 100 kleinen Quadraten, wobei jedes der kleinen Quadrate aus zwei nebeneinander liegenden Dominosteinen gebildet wird. Der Narr soll nun von der linken unteren Ecke zur rechten oberen Ecke laufen und dabei 51 der
kleinen Quadrate betreten. Dieses wäre nicht besonders schwer, wenn

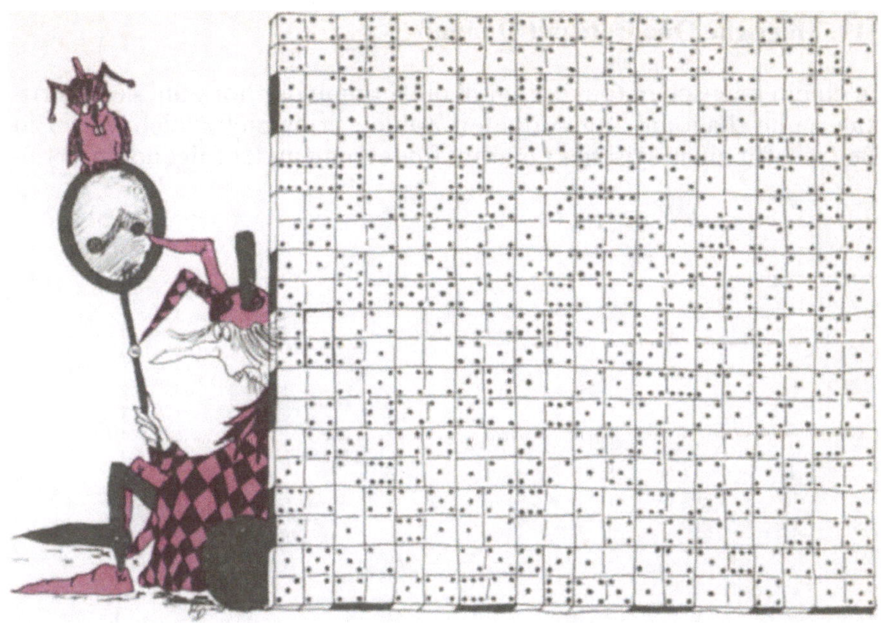

der Narr auf seinem Weg vom Startpunkt an gezählt bis zum Ziel nicht genau 511 Augen überlaufen müßte. Es werden dabei alle sich auf den 51 überquerten kleinen Dominoquadraten befindlichen Augen addiert. Welchen Weg nimmt der Narr? Es ist keine leichte Aufgabe, aber ich glaube nicht, daß einer vor der Lösung kapituliert.

118. Multiplizieren mit Domino

Mit Dominosteinen kann man außer addieren auch multiplizieren. In der Abbildung unten ist eine solche Multiplikationsaufgabe aus vier Steinen dargestellt.
Aus den 28 Dominosteinen des Spiels sind genau sieben solcher Multiplikationen zu legen.

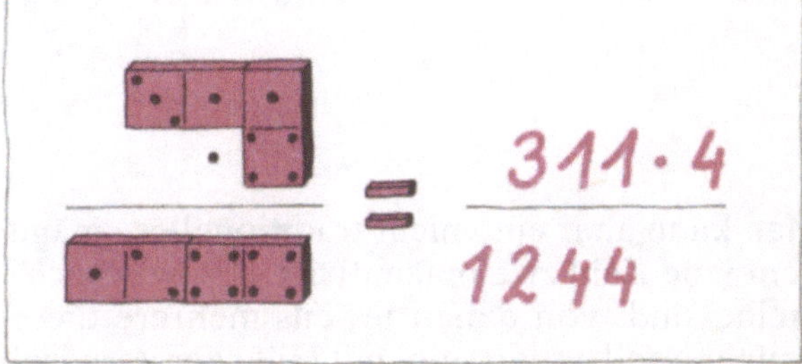

119. Magische Quadrate mit Domino

In einem magischen Quadrat muß die Summe der horizontalen, vertikalen und diagonal angeordneten Zahlen prinzipiell gleich sein. Ein Beispiel für ein magisches Quadrat findet man in der folgenden Abbil-

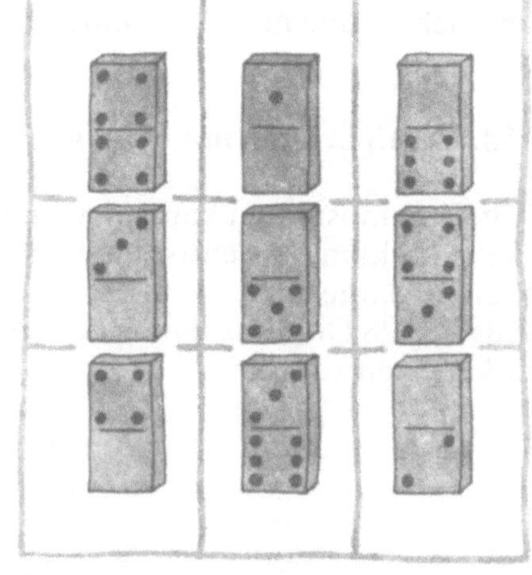

dung. Wenn man ein solches Quadrat mit Hilfe von Dominosteinen darstellen will, kann man eigentlich nur ein Neunfelder-Quadrat in Angriff nehmen, da in einem Dominospiel beim Zusammenzählen der Augen eines Steines nur die Zahlen 1 bis 12 vorkommen. In der Abbildung ist dieses Quadrat zu sehen.

Man kann aber ein »nicht traditionelles« magisches Quadrat legen, in dem jede Zahl zweimal auftritt. Das wird sicherlich gelingen, da es 28 Steine sind, von denen jeweils mehrere dieselbe Augenzahl zeigen. Aufgabe soll es nun sein, mit Hilfe der vorgegebenen 16 Dominosteine ein solches »nicht traditionelles« magisches Quadrat zu legen (Abbildung). Die Summe der horizontalen, vertikalen und diagonalen muß hier natürlich ebenfalls gleich sein.

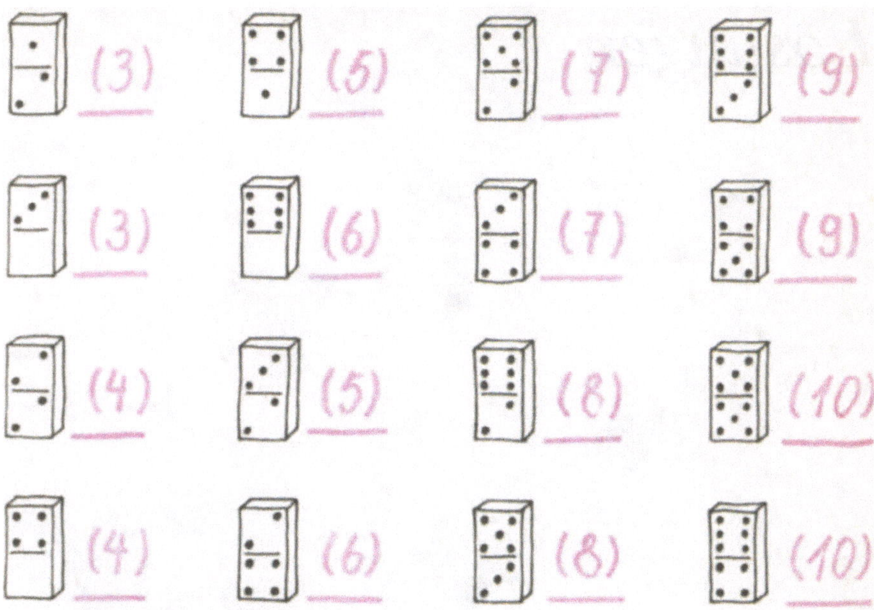

120. Eine hohe Treppe

Man könnte eine Treppe aus Dominosteinen aufbauen, die 6000 Stufen hat. Die oberste Stufe sei nun ein Stein, die zweite zwei Steine, die dritte drei Steine breit und so weiter. Wie viele Steine würden für die Treppe benötigt?
Es ist natürlich relativ einfach, alle Steine zu addieren. Für das Problem ist eine vereinfachende Formel aufzustellen, die es erlaubt, die Lösung mit nur zwei Rechenvorgängen zu finden. Ich bin gespannt, ob dies einer schafft.

Lösungen

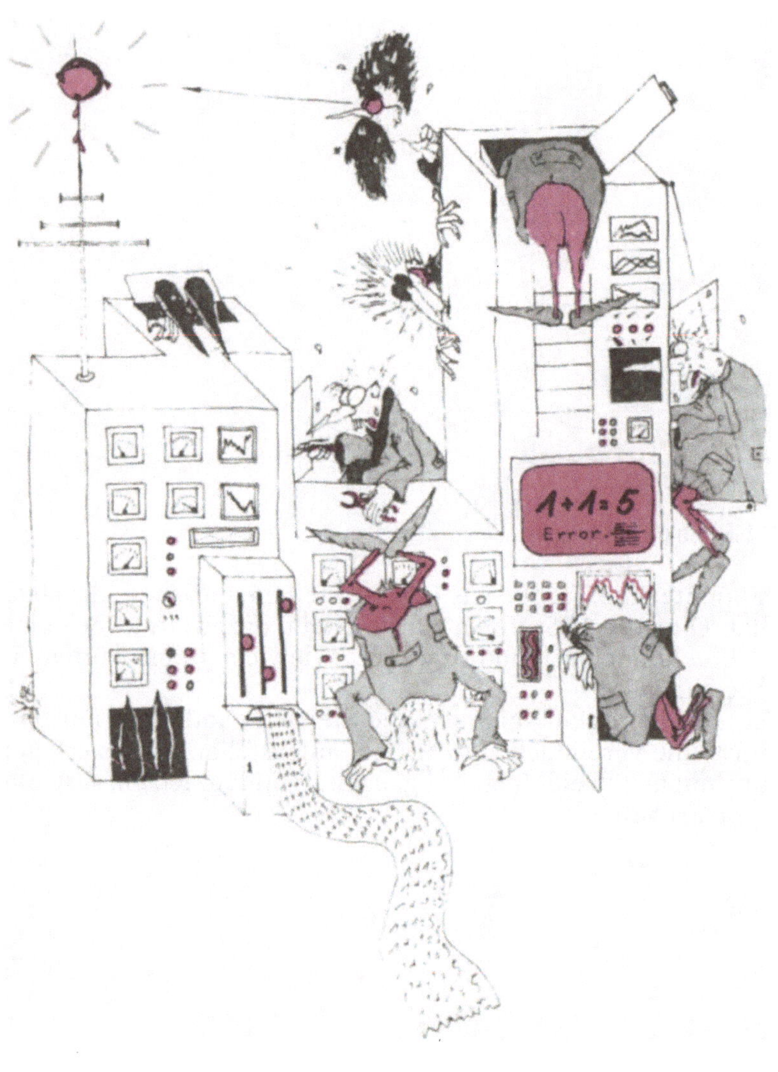

1. Wenn wir davon ausgehen, daß sich tatsächlich nur sieben Hühner im Wildsack befanden und Münchhausen diese sieben Hühner an die Bettler verteilt hatte, gibt es nur eine Möglichkeit der Lösung für das gestellte Problem. Münchhausen gab sechs Hungerleidern je ein Huhn, dem siebenten jedoch den Wildsack mit dem in ihm liegenden letzten Hühnchen. Eine solche Darstellung der Begebenheit würde alle Voraussetzungen, die sich durch Münchhausens Erzählung ergaben, bestätigen.

2. Halten wir zuerst einmal alle Fakten fest, die uns in der Aufgabenstellung gegeben werden. Der alte Bauer kann entweder den Wolf oder den Ziegenbock oder den Kohlkopf im Kahn transportieren. Wenn er zuerst den Wolf übersetzen wollte, würde der Ziegenbock den Kohlkopf am Ufer fressen. Ebenso ist der Transport des Kohlkopfes nicht als erstes möglich, da dann der Wolf den Ziegenbock verspeisen könnte. Es bleibt dem Bauern also nichts anderes übrig, als zuerst den Ziegenbock zum gegenüberliegenden Flußufer zu fahren, weil der Wolf sich auf keinen Fall am Kohlkopf vergreifen würde.

Wenn dies geschehen ist, fährt der Bauer mit dem leeren Kahn zurück

und holt den Kohlkopf.

Beim Ziegenbock angelangt, tauscht er beide aus und fährt nun den Ziegenbock zum ursprünglichen Flußufer zurück.

Dort lädt er ihn aus und nimmt den Wolf an Bord, welcher zum Kohlkopf gefahren wird.

Nun kann der Bauer unbesorgt zum Ausgangspunkt zurückfahren

und den Ziegenbock holen,

da der Wolf, wie bekannt, den Kohlkopf am Zielufer nicht fressen wird.

3. Da das erste Standbild auf die Frage: »Wer steht neben dir?« antwortete: »Der Gott der Wahrheit!«, kann dieses erste Standbild nur den Gott der Lüge oder den Gott der Diplomatie darstellen,

denn als Gott der Wahrheit hätte es sich nicht verleugnen können.
(Der Gott der Wahrheit gibt ja immer richtige Antworten!)
Das zweite Standbild gibt auf die Frage: »Wer bist du?« die Antwort: »Der Gott der Diplomatie!« Daraus ergibt sich, daß jenes
wiederum nicht den Gott der Wahrheit darstellen kann. Wenn nun
weder das erste noch das zweite Standbild den Gott der Wahrheit
darstellen, kommt dafür nur noch der letzte Götze in Frage. Weil
der Gott der Wahrheit aber immer richtige Antworten gibt, folgt
aus der Antwort desselben, daß das mittlere Standbild der Gott der
Lüge sein muß. Dementsprechend bleibt als Gott der Diplomatie
nur noch das erste Standbild übrig.

4. Die Lösung des Problems ist eigentlich recht einfach. Da die
Orange groß und rund ist, kann sie die Ecken des Käfigs nicht aus-
füllen. Wenn Nils sich nun in eine solche Ecke drückt, kann ihn die
Orange nicht erreichen, und er befindet sich in Sicherheit. Die Abbildung zeigt, wie die Rettung aussehen muß.

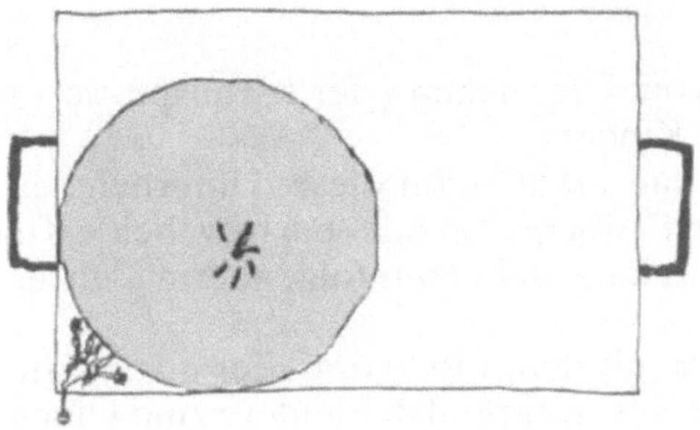

5. Bezeichnen wir zunächst einmal die drei Hofnarren mit A, B und C.
C hat festgestellt, daß er ebenfalls schwarz im Gesicht sein muß.
Diese Erkenntnis kam ihm durch folgenden Denkvorgang:
»Jeder von uns glaubt, daß sein eigenes Gesicht sauber ist. Ich
glaube, A lacht über B und umgekehrt. Wenn jetzt aber, wie es tatsächlich der Fall ist, B ebenfalls glaubt, sein Gesicht wäre sauber,
müßte er lachen, weil ich über A lache und A über mich (C). Wenn
nun mein Gesicht wirklich sauber wäre, hätte doch A, nach Bs Meinung, überhaupt keinen Grund zu lachen, und B würde sich sicherlich wundern. Da B aber nicht verwundert ist, muß A einen Grund

haben über mich zu lachen. Ich wurde also zum Komischen verändert und beim Betrachten der schwarzen Gesichter von *A* und *B* erscheint es mir nur wahrscheinlich, daß ich ebenfalls ein schwarzes Gesicht habe.«

6. Der Aufgabe zur Folge sollte der Eierdieb enthauptet werden, wenn seine Aussage zutraf. Antwortete er nun tatsächlich: »Ich werde enthauptet!«, so träfe die Aussage zu, und die Richter könnten ihm den Kopf abschlagen lassen.
Antwortet der Eierdieb jedoch: »Ich werde gerädert!«, kann man ihn weder köpfen noch rädern, denn um enthauptet zu werden, hätte seine Aussage zutreffen müssen, was nach dieser Antwort nicht der Fall war. Wollten die Richter den Eierdieb auf diese Antwort hin jedoch rädern, so wäre seine Aussage ohne Zweifel eingetroffen. Da aber vorher ausgemacht war, daß das Rädern nur bei einer nicht zutreffenden Antwort ausgeführt werden würde, konnten die Richter die Hinrichtung auch auf diese Weise nicht vollziehen. Die Richter mußten den Eierdieb demnach freilassen.

7. Es sollen fünf Personen vom Ufer *a* zum Ufer *b* transportiert werden (3 Erwachsene und 2 Kinder).
Voraussetzung dabei ist, daß auf dem, für dieses Unternehmen benutzten Floß entweder ein Erwachsener oder ein bzw. beide Kinder Platz haben. Die Überfahrt kann daher nur folgendermaßen durchgeführt werden:
Die beiden Kinder fahren mit dem Floß vom Ufer *a* zum Ufer *b*. Am Ufer *b* steigt ein Kind aus, während das andere zum Ufer *a* zurückfährt. Dort angekommen tauscht das Kind mit einem der Soldaten seinen Platz, worauf dieser zum Ufer *b* fährt. Hat er dieses erreicht, verläßt er das Floß, und das an dem Ufer *b* wartende Kind übernimmt das Floß und rudert zum Ufer *a*, holt dort seinen Kameraden und kehrt mit ihm zum Ufer *b* zurück.
Damit wurde eine Situation geschaffen, in der sich unsere Reisenden schon einmal befanden. Der einzige Unterschied besteht in der Anzahl der am Ufer *a* wartenden Soldaten. Es sind jetzt nur noch zwei statt drei Erwachsene an das Ufer *b* zu bringen. Es ist somit notwendig, den gesamten Vorgang noch zweimal zu wiederholen, um alle fünf Personen an das Ufer *b* zu rudern.

8. Die Lösung dieser schwierig erscheinenden Aufgabe ist im Grunde recht einfach, wenn man sich vorher eine logische, auch in der Mathematik gültige Voraussetzung klargemacht hat, welche darin besteht, einen Gegenstand oder Wert (Papierröllchen) »a« zu identi-

fizieren, indem man Kenntnis vom Gegenstand oder Wert (Papierröllchen) »b« bekommt, was natürlich nur möglich ist, wenn die Eigenschaften beider Gegenstände oder Werte (Papierröllchen) »a«
und »b« vorher bekannt sind. Auf unseren Text angewandt bedeutet das folgendes:
Da dem Verurteilten und allen umstehenden Zeugen bekannt ist,
daß der Inhalt der beiden Röllchen einmal »tot« und einmal »lebendig« sein soll, wird durch Ziehen eines Röllchens und Bekanntgabe
dessen Inhalts logischerweise auch der Inhalt des nicht gezogenen
Röllchens bekannt. Das heißt: Zieht der Verurteilte das Röllchen
a, weiß man, daß das Röllchen b nicht gezogen wurde und umgekehrt.
Nun haben wir aber, ebenso wie der Verurteilte, von der Intrige
der Richter erfahren und stehen vor dem Problem, die neue Situation (Beide Röllchen beinhalten jetzt das Wort »tot«!) mit der oben
beschriebenen Voraussetzung in Einklang zu bringen. Das bedeutet, daß der Verurteilte das gezogene Röllchen, auf welchem unbedingt das Wort »tot« stehen muß, nicht vor den Augen der Richter
und Zeugen öffnen darf, da damit sein Tod besiegelt wäre. Er muß
aber belegen, was er gezogen hat. Aus diesem Grund vernichtet er
das gezogene Röllchen (z. B. durch verschlucken oder zerreißen)
und zwingt somit die Richter, das nicht gezogene Röllchen zu öffnen und dessen Inhalt preiszugeben. Da nun aber, wie bekannt, auf
diesem das Wort »tot« geschrieben steht, konnte der Inhalt des ver-
nichteten (gezogenen) Röllchens, nach Meinung der Nichteinge-
weihten und Zeugen, nur »lebendig« gewesen sein.
Darum mußten die Richter dem Verurteilten die Freiheit schenken.

9. Wer wirklich begonnen hat zu rechnen, dem ist die Problematik der
   Aufgabe nicht klargeworden. Zur Lösung einer mathematischen
   Denksportaufgabe gehört nicht nur Wissen über die Grundlagen
   der Mathematik, sondern auch das Verständnis für den Realitäts-
   bezug der Aufgabenstellung. Im allgemeinen sollte es bekannt
   sein, daß die Wasserverdrängung eines Schiffes durch Erhöhung
   des Wasserspiegels nicht verringert wird. Es ist somit egal, ob man
   die Wassertiefe unter einem Schiff von z. B. 2 m auf 2000 m erhöht,
   oder umgekehrt, verringert, da das Schiff, sofern es nicht leckt, immer auf der Wasseroberfläche schwimmen wird. Wenn dies nicht
   der Fall wäre, gäbe es heute wohl, nach Ansicht der christlichen
   Religion, keine Lebewesen mehr auf der Erde. Wie hätte sich auch
   Noah mit dem Rest der Tierwelt in einer Arche retten können, die
   bei steigendem Wasser immer stärker überflutet werden konnte?

10. Wie die Rettung der Frösche aussehen muß, kann man aus der
    Abbildung erkennen.

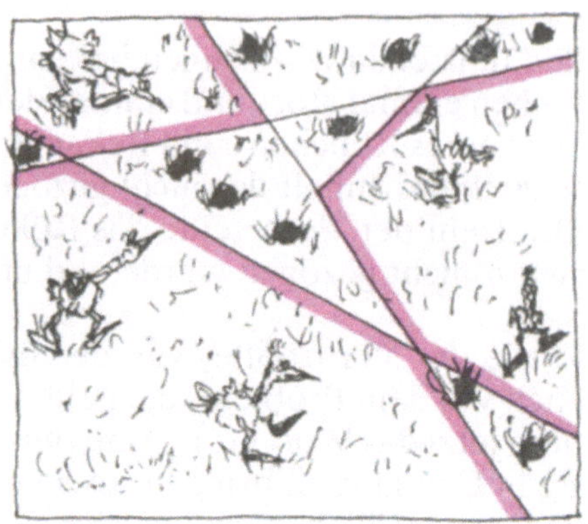

11. Es sind genau vier Mäuse in die Falle geraten, wobei jede Maus
    auf ihrem eigenen Schwanz sitzt. Die Anzahl der Mäuse ergibt
    sich aus der Voraussetzung, daß jeder Maus genau drei Mäuse ge-
    genüber sitzen sollen. Sitzt also in jeder Ecke der Falle eine Maus,
    so müssen bei vier Ecken, die die Mausefalle hat, jeder Maus not-
    gedrungen drei Mäuse gegenüber sitzen, nämlich die in den restli-
    chen Ecken. Demnach können nicht fünf oder mehr Mäuse in der
    Falle sitzen, da dann jeder Maus mehr als drei Mäuse gegenüber
    säßen.
    Bei vier Mäusen sitzen jeder Maus drei Mäuse gegenüber.
    Bei fünf Mäusen sitzen jeder Maus vier Mäuse gegenüber.
    Bei sechs Mäusen sitzen jeder Maus fünf Mäuse gegenüber usw.

12. Es wurde sicher bemerkt, daß der alte Mann in der Abbildung
    eine Pfeife raucht. Der Rauch dieser Pfeife steigt genau senkrecht
    nach oben, und das ist eine Erscheinung, die nur bei Übereinstim-
    mung von Windgeschwindigkeit v_{WIND} und Strömungsgeschwin-
    digkeit des Flusses $v_{STRÖM.}$ beobachtet werden kann. Die folgen-
    den drei Abbildungen verdeutlichen diesen Zusammenhang.
    Demnach konnte der junge Angler wirklich die Geschwindigkeit
    des auf dem Fluß dahintreibenden Bootes bestimmen, denn diese
    mußte genau so groß sein wie die Windgeschwindigkeit v_{WIND}.
    In diesem speziellen Fall von 15 km/h Windgeschwindigkeit würde
    das Boot, in dem der alte Mann saß, mit einer Geschwindigkeit
    von 15 km/h den Fluß hinunter treiben.

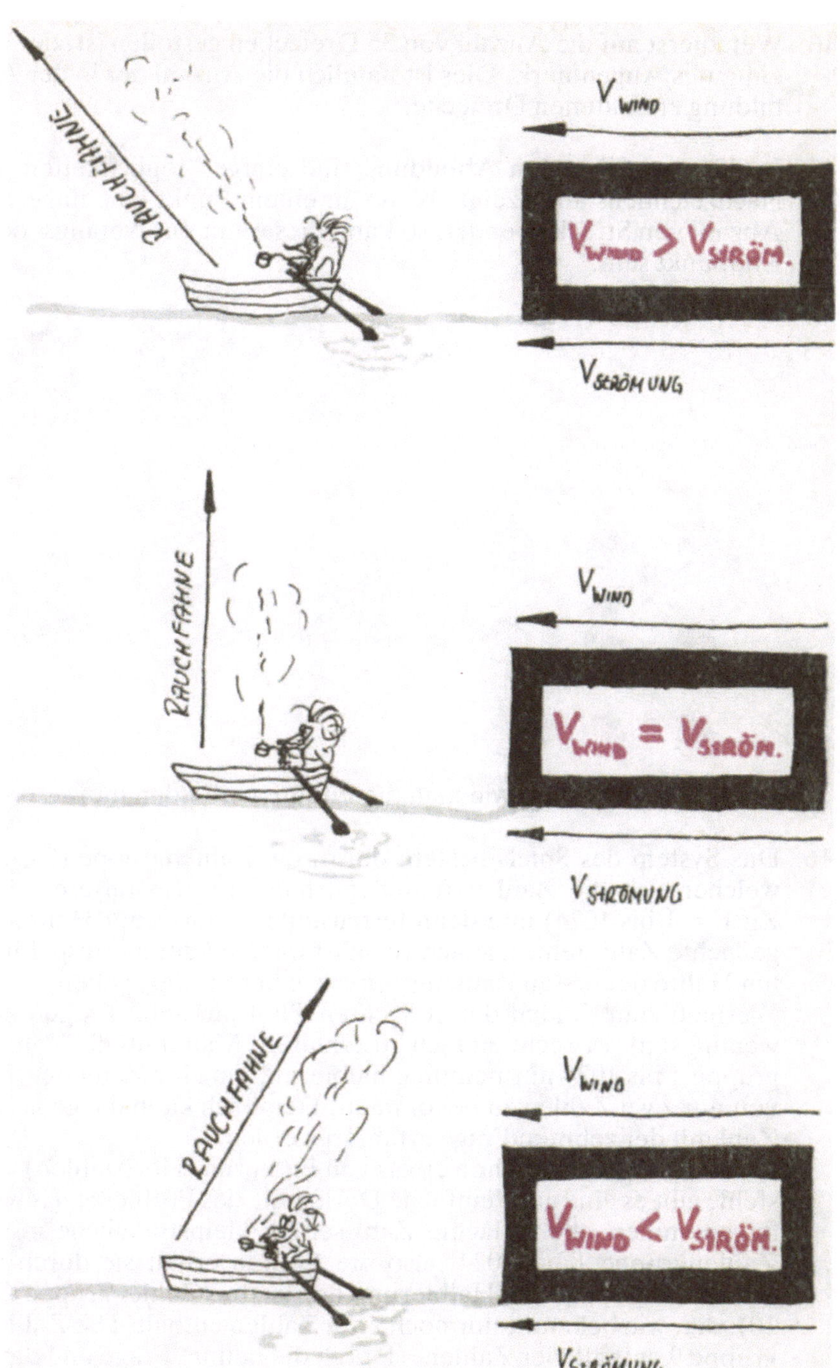

RAUCHFAHNE
V_{WIND}
$V_{WIND} > V_{STRÖM.}$
$V_{STRÖMUNG}$
RAUCHFAHNE
V_{WIND}
$V_{WIND} = V_{STRÖM.}$
$V_{STRÖMUNG}$
RAUCHFAHNE
V_{WIND}
$V_{WIND} < V_{STRÖM.}$
$V_{STRÖMUNG}$

13. Wer zuerst auf die Anzahl von 35 Dreiecken gestoßen ist, der hat
ein gutes Augenmerk. Dies ist nämlich die Anzahl der in der Abbildung enthaltenen Dreiecke.

14. In der nachfolgenden Abbildung sind einige Möglichkeiten des
Nachzeichnens aufgezeigt. Wenn an einem Punkt eine ungerade
Anzahl von Strecken endet, so kann dieser nur ein Anfangs- oder
Endpunkt sein.

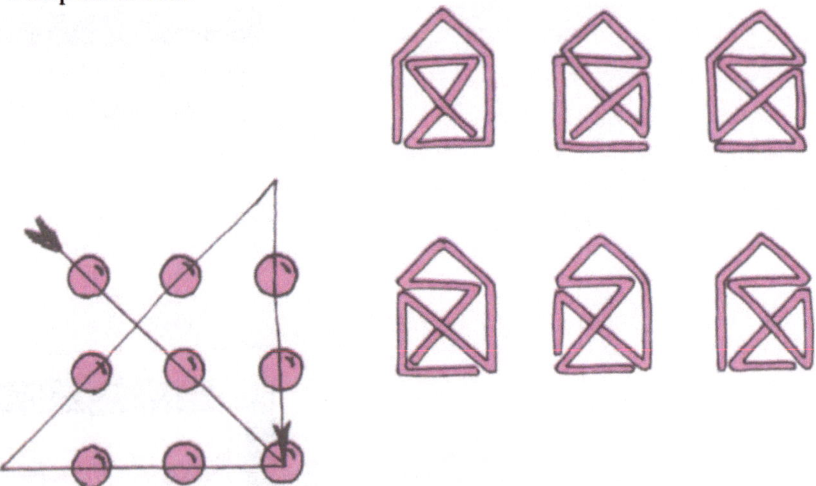

15. Die Abbildung zeigt, wie man die Punkte verbinden muß.

16. Das System des Spiels besteht darin, die Zahlengruppe (Zg), in
welcher sich die Zahl befindet, zu halbieren (in unserem Fall
Zg 1 = 1 bis 1024) und dann festzustellen, in welcher Hälfte die
gedachte Zahl steht. Danach verfährt man mit der herausgefilter-
ten Hälfte der ersten Zahlengruppe wie bereits angegeben.
Weshalb zum Finden der gedachten Zahl nur zehn Fragen notwendig sind, ist recht einfach zu erklären. Man muß die Zahlengruppe 1 bis 1024 nur neunmal halbieren, um eine Zahlengruppe
von nur zwei Zahlen zu bekommen. Demnach kann die gedachte
Zahl mit der zehnten Frage erfahren werden.
Für denjenigen, der schon etwas von Potenzen (Hochzahlen) ver-
steht, gibt es eine ganz einfache Darlegung des Problems. Es wird
angenommen, die gedachte Zahl sei die kleinstmögliche in der
Zahlengruppe 1 bis 1024, also die 1. Man erhält sie durch die
zehnte Frage, aus der Halbierung der letzten Zahlengruppe (Zg
10), die, wie bekannt, nur noch zwei Zahlen enthält. Die Zahlengruppe 9 enthält vier Zahlen. (Durch die neunte Frage und damit
Halbierung der Zg 9 ergibt sich die Zg 10.)

Die Tabelle verdeutlicht den weiteren Verlauf dieser Betrachtung:

Zg 1 = 1024 Zahlen oder auch 2^{10}
Zg 2 =   512 Zahlen oder auch 2^9 (Zg 2 ist das Ergebnis der Frage 1)
Zg 3 =   256 Zahlen oder auch 2^8 (Zg 3 ist das Ergebnis der Frage 2)
Zg 4 =   128 Zahlen oder auch 2^7 (Zg 4 ist das Ergebnis der Frage 3)
Zg 5 =   64 Zahlen oder auch 2^6 (Zg 5 ist das Ergebnis der Frage 4)
Zg 6 =   32 Zahlen oder auch 2^5 (Zg 6 ist das Ergebnis der Frage 5)
Zg 7 =   16 Zahlen oder auch 2^4 (Zg 7 ist das Ergebnis der Frage 6)
Zg 8 =   8 Zahlen oder auch 2^3 (Zg 8 ist das Ergebnis der Frage 7)
Zg 9 =   4 Zahlen oder auch 2^2 (Zg 9 ist das Ergebnis der Frage 8)
Zg 10 =   2 Zahlen oder auch 2^1 (Zg 10 ist das Ergebnis der Frage 9)

Die gedachte Zahl wird durch Teilung der Zg 10 (10. Frage) erfahren!

Zur Erläuterung des Spiels folgen zwei Beispiele:

Beispiel 1:
(Die gemerkte Zahl soll 1 sein!)

FRAGE   1: Ist die gemerkte Zahl größer als 512? – Nein!
FRAGE   2: Ist die gemerkte Zahl größer als 256? – Nein!
FRAGE   3: Ist die gemerkte Zahl größer als 128? – Nein!
FRAGE   4: Ist die gemerkte Zahl größer als 64? – Nein!
FRAGE   5: Ist die gemerkte Zahl größer als 32? – Nein!
FRAGE   6: Ist die gemerkte Zahl größer als 16? – Nein!
FRAGE   7: Ist die gemerkte Zahl größer als   8? – Nein!
FRAGE   8: Ist die gemerkte Zahl größer als   4? – Nein!
FRAGE   9: Ist die gemerkte Zahl größer als   2? – Nein!
FRAGE 10: Ist die gemerkte Zahl größer als   1? – Nein!

Da die gemerkte Zahl nicht größer als 1 ist und in der Zahlengruppe 1 (1 bis 1024) keine Zahl enthalten ist, die kleiner als 1 ist, muß die gemerkte Zahl gleich 1 sein.

Beispiel 2:
(Die gemerkte Zahl soll 777 sein!)

FRAGE 1: Ist die gemerkte Zahl größer als 512? – Ja!
Da die erste Frage mit »Ja!« beantwortet wurde, muß nun zur Zahlengruppe 2 (Zg 2 enthält 512 Zahlen) die Zahlenmenge der Zahlengruppe 3 hinzu addiert werden. Das bedeutet: 512 + 256 = 768.

FRAGE 2: Ist die Zahl größer als 768? – Ja!
Die Zahlen 768 bis 1024 entsprechen der Zahlengruppe 3 (= 256

Zahlen). Es ist nun wiederholt zur Zahl 768 die Zahlenmenge der
Zahlengruppe 4 hinzuzufügen: 768 + 128 = 896!

FRAGE 3: Ist die Zahl größer als 896? – Nein!
Nun ist bekannt, daß die gesuchte Zahl zwischen 768 und 896 liegen muß. Dieser Bereich entspricht der Zahlengruppe 4. Man
muß jetzt von 896 die Zahlenmenge der Zahlengruppe 5 (gleich 64
Zahlen) subtrahieren. 896 − 64 = 832

FRAGE 4: Ist die Zahl größer als 832? – Nein!
Von der Zahl 832 wird daher die Zahlenmenge der Zahlengruppe
6 subtrahiert: 832 − 32 = 800!

FRAGE 5: Ist die Zahl größer als 800? – Nein!
800 − 16 (Zahlengruppe 7) = 784

FRAGE 6: Ist die Zahl größer als 784? – Nein!
784 − 8 (Zahlengruppe 8) = 776

FRAGE 7: Ist die Zahl größer als 776? – Ja!
776 + 4 (Zahlengruppe 9) = 780

FRAGE 8: Ist die Zahl größer als 780? – Nein!
780 − 2 (Zahlengruppe 10) = 778

FRAGE 9: Ist die Zahl größer als 778? – Nein!
Man halbiert die Zahlengruppe 10 und addiert 1 zur Zahl 776
776 + 1 = 777

FRAGE 10: Ist die Zahl größer als 777? – Nein!
Da die Zahl nicht größer als 777 ist und zugleich größer als 776 sein
soll (dies war durch Frage 7 zu erfahren), kann die gesuchte Zahl
nur 777 sein.

17. Es wird sicher aufgefallen sein, daß die Inschrift eine Jahresangabe enthält.
Diese Jahresangabe ist durchaus richtig, denn 146 v. u. Z. wurde
Karthago tatsächlich durch den jüngeren Scipio im 3. Punischen
Krieg zerstört. Man sollte dabei aber beachten, daß eine solche
Jahresangabe eine Rückrechnung zum Beginn unserer Zeitrechnung erfordert. Die Kenntnis vom Beginn der Zeitrechnung war
aber im Jahre 146 vor unserer Zeitrechnung noch gar nicht vorhanden.
Wie hätte also der Künstler, der die Statue schuf, wissen können,
daß die Zeitrechnung (nach Christi Geburt) 146 Jahre später beginnen würde?
Demnach mußte die Figur nach dem Beginn unserer Zeitrechnung angefertigt worden und somit eine Fälschung sein.

18. Welchen Weg unsere Biene nehmen muß, um ihren Auftrag – unsere Aufgabe – zu erfüllen, sieht man in der Abbildung.

19. Es ist sicher bemerkt worden, daß man die Angaben über die Entfernung vom Punkt *C* zu den Punkten *A* und *B* zur Lösung der Aufgabenstellung überhaupt nicht benötigt. Sie dienen lediglich dazu, diejenigen, die nicht konzentriert nachgedacht haben, auf eine falsche Fährte zu locken. Wenn nämlich die beiden Motorräder mit einer Geschwindigkeit von 79 km/h bzw. 123 km/h aufeinander zufuhren, so haben sie in der vergangenen Stunde vor ihrem Zusammentreffen 79 km und 123 km zurückgelegt. Das bedeutet einen Abstand der beiden Motorräder von
$$79\,\text{km} + 123\,\text{km} = 202\,\text{km}$$
eine Stunde vor ihrer Begegnung.

20. Das Schachbrett muß wie in der Abbildung ersichtlich zusammengesetzt werden.

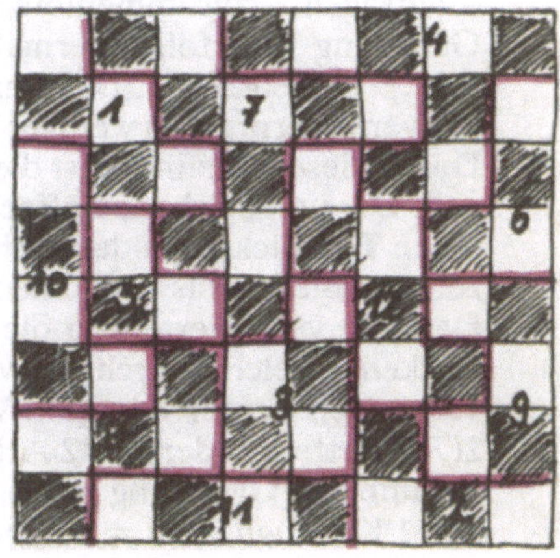

21. Um die Aufgabe zu lösen, ist zunächst die Anzahl der zur Reparatur der Kette notwendigen Arbeitsgänge festzustellen. Die Zu-
sammenfassung der Teilarbeiten kann in Form einer Gleichung
vereinfacht und allgemein gültig festgehalten werden.

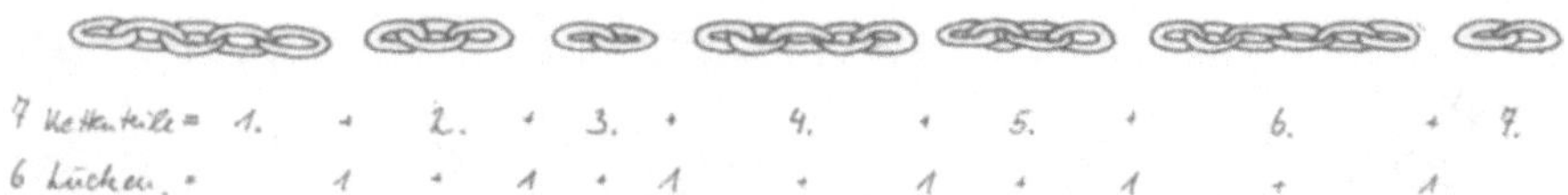

Legt man die einzelnen Teilstücke der Kette nebeneinander (Abbildung) so ist zu erkennen, daß die Anzahl der Lücken, die zu
schließen sind, $n - 1$ Kettenteile beträgt. Die Subtraktion der 1
von der Anzahl der Teilstücke n ist notwendig, da die erste Lücke
nur durch zwei Kettenteile gebildet werden kann, jede weitere
Lücke aber durch jedes weitere Teilstück (s. folgende Abbildung).

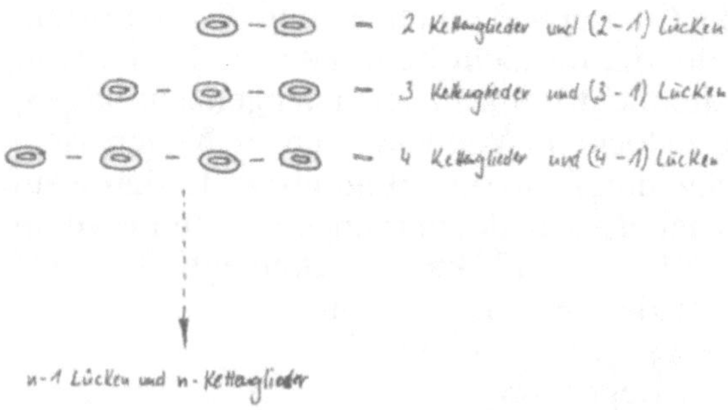

Für die Schließung einer Lücke sind zwei Arbeitsgänge notwendig
– aufsägen – zusammenlöten. Dementsprechend lautet unsere
Gleichung nun folgendermaßen: Anzahl der Arbeitsgänge =
$2 (n - 1)$ Teilstücke. Die Anzahl der Arbeitsgänge läßt sich also
nur verringern, wenn weniger Teilstücke zusammenzusetzen sind.
Durch diese Erkenntnis ist die Lösung des Problems zum Greifen
nah. Der junge Schmied öffnete daher nicht das letzte Glied eines
jeden Teilstücks, um das nächste Teilstück anzuhängen, sondern
zersägte die jeweils zwei Glieder umfassenden Teilstücke 3 und 7.
Dadurch verringerte sich die Anzahl der Teilstücke auf 5 (= 4
Lücken), welche durch die vier aufgesägten Glieder sämtlichst
verbunden werden konnten. Waren es vorher
2(7–1 Kettenglieder) = 12 Arbeitsgänge,
so lautet die Gleichung jetzt
2(5–1 Kettenglieder) = 8 Arbeitsgänge.

22. Die Anordnung der 10 Tische ist aus der Abbildung ersichtlich.

23. Der Bleischnitzer benötigt zur Herstellung der 57 Bleitäfelchen
nur 49 kg Blei. Es gibt zwei Möglichkeiten, zu diesem Ergebnis zu
kommen.

1. Durch Überlegen und Probieren: Der Bleischnitzer verwendet
zur Herstellung einer Bleitafel eine 1 kg schwere Platte. Er hat dabei $\frac{1}{7}$ kg Abfall. Das bedeutet, daß der Schnitzer aus den Resten
von 7 Bleiplatten eine neue Platte gießen kann, wobei dann wiederum $\frac{1}{7}$ kg Abfall entsteht. Bei der Herstellung von $7 \cdot 7$ Bleitäfelchen könnte er aus den Resten zusätzlich 7 Tafeln und aus
deren Resten wiederum noch eine Tafel erzeugen. Es würde
dann $\frac{1}{7}$ kg Blei übrigbleiben.

Man zählt zusammen: $49 + 7 + 1 = 57$ Bleitäfelchen.
Benötigt wurden $7 \cdot 7$ kg Blei $= 49$ kg Blei.

2. Mit Hilfe einer Gleichung:

1 Bleitafel $\quad = \frac{6}{7}$ kg Blei

57 Bleitafeln $= x$ kg Blei

$$\frac{\frac{6}{7} \text{ kg (Blei)} \cdot 57 \text{ (Bleitafeln)}}{1 \text{ (Bleitafel)}} = 48\frac{6}{7} \text{ kg (Blei)}$$

Da nun noch bekannt ist, daß der Bleischnitzer für die Herstellung
einer Bleitafel eine Bleiplatte mit dem Gewicht von 1 kg benötigte, muß das Ergebnis auf volle Kilogramm aufgerundet werden, und man erhält somit 49 kg Blei.

24. Es wurde gesagt, daß der Biologe im Jahre x^2 ein Alter von x Jahren erreicht hatte. Demnach muß das Geburtsjahr $x^2 \leqq 1945$ und x eine natürliche Zahl sein. Das Geburtsjahr des Biologen ist dann $x^2 - x = x(x - 1)$. Da aber $\sqrt{1945} = 44{,}102154$ ist, muß $x = 44$ (eine natürliche Zahl) sein. In die Gleichung des Geburtsjahres Gj $= x(x - 1)$ sind nun die Zahlen von 44 bis 42 einzusetzen.

$$\text{Gj} = 44 \cdot 43 \qquad \text{Gj} = 43 \cdot 42 \qquad \text{Gj} = 42 \cdot 41$$
$$\text{Gj} = 1892 \qquad\;\; \text{Gj} = 1806 \qquad\;\; \text{Gj} = 1722$$

Das Alter des Biologen ist also 1945 minus Geburtsjahr. Beim Einsetzen der drei Geburtsjahre ergeben sich folgende Altersangaben:

$$1892 - 1945 = 53 \text{ Jahre}$$
$$1806 - 1945 = 139 \text{ Jahre}$$
$$1722 - 1945 = 223 \text{ Jahre}$$

Da die durchschnittliche Lebenserwartung eines Menschen heute mit 76 Jahren angegeben werden kann und der älteste, der Medizin bekannte Mensch ungefähr 135 Jahre alt geworden war, kann man davon ausgehen, daß der Biologe mit 53 Jahren verstarb und demnach am 2. Februar 1892 geboren wurde.

25. In der einen Waagschale liegen sechs Äpfel, in der anderen $\frac{6}{8}$ dieser Menge zu Apfelmus verarbeitet $+ 125\,$g. Daraus ist zu ersehen, daß das Gewicht in der Waagschale mit dem Apfelmus genau $\frac{2}{8}$ des Gesamtgewichtes der zweiten Waagschale ausmacht. Sind nun $125\,$g $\frac{2}{8}$ des Gesamtgewichtes, so ist das Gesamtgewicht selbst viermal so groß, denn $\frac{2}{8}$ entsprechen $\frac{1}{4}$. Das Gewicht des Apfelmuses beträgt demnach $3 \cdot 125\,$g $= 375\,$g.

Es liegen also in der zweiten Waagschale $375\,$g Apfelmus $\left(= \frac{6}{8}\right.$ oder auch $\frac{3}{4}$ des Gesamtgewichtes$) + 125\,$g Gewicht $\left(= \frac{2}{8}\right.$ oder auch $\frac{1}{4}$ des Gesamtgewichtes$)$. Zusammen sind das $500\,$g. Da sich in der ersten Waagschale sechs Äpfel befinden und die Waage im Gleichgewicht ist, müssen diese Äpfel ebenfalls ein Gewicht von $500\,$g haben. Ein Apfel wiegt deshalb $500\,$g $: 6 = 83{,}\overline{3}\,$g.

26. Man toastet nicht zuerst zwei Scheiben Brot in $2 \cdot 40$ Sekunden $(= 80\,$s$)$ fertig und danach die dritte Scheibe Brot in der gleichen Zeit $(80\,$s$)$, sondern nimmt nach den ersten $40\,$s (zwei Scheiben Brot

einseitig fertig getoastet) eine Scheibe aus dem Toaster, dreht die zweite um und legt die dritte Scheibe zur zweiten Scheibe in den Toaster. Somit wird die zweite Scheibe Brot in den nächsten 40s fertig und die dritte Scheibe einseitig getoastet. Wir haben also in $2 \cdot 40\,\text{s}$ ($= 80\,\text{s}$) die zweite Scheibe Brot beidseitig und die erste und dritte Scheibe jeweils einseitig getoastet. Diese erste und dritte Scheibe können wir nun in den nächsten 40s fertig toasten und haben somit nur $3 \cdot 40\,\text{s} = 120\,\text{s}$ und nicht, wie ursprünglich angenommen, 160s zum Toasten der drei Scheiben Brot benötigt.

27. $\frac{1}{9}$ ist ihr Drittel, dann muß die Zahl selbst dreimal so groß, also $\frac{3}{9}$ sein. Das Dreifache von $\frac{3}{9}$ ist $\frac{9}{9} = 1$. Das gesuchte Dreifache der Zahl ist demnach genau 1.

28. Wenn außer der Summe von 2,30 Mark noch $\frac{2}{3}$ des Preises für den Käse zu zahlen sind, so muß der Wert von 2,30 Mark genau $\frac{1}{3}$ des Preises ausmachen. Das bedeutet, daß der Käse

$$3 \cdot 2,30\,\text{Mark} = 6,90\,\text{Mark}$$

kostet.

29. Der Junge fuhr mit dem Fahrrad keine Sekunde schneller, als er lief. Dies läßt sich aus folgender Gleichung leicht schließen:

Der Junge fuhr die ersten $\frac{3}{4}$ des Weges s mit einer Geschwindigkeit v. Da die Formel für die Geschwindigkeit $v = \frac{s}{t}$ ist, muß die Zeit $t = \frac{s}{v}$ sein. In diese Gleichung werden nun die Fakten aus der mit dem Fahrrad zurückgelegten Wegstrecke eingesetzt:

$$t_1 = \left(\frac{3}{4}s\right) : v$$
$$t_1 = \frac{3}{4} \cdot \frac{s}{v}$$

Das letzte Viertel des Weges, also $\frac{1}{4}s$, legte der Junge mit einem Drittel der vorherigen Geschwindigkeit, $\frac{1}{3}v$, zurück.

Für diese letzte Wegstrecke, beim Einsetzen der bekannten Fakten in unsere Gleichung für die Zeit t_2, ergibt sich:

$$t_2 = \left(\frac{1}{4}s\right) : \left(\frac{1}{3}v\right) = \frac{s}{4} : \frac{v}{3}$$
$$t_2 = \frac{s}{4} \cdot \frac{3}{v}$$
$$t_2 = \frac{3}{4} \cdot \frac{s}{v}$$

Damit ist zu sehen, daß die Zeit für den ersten Wegabschnitt mit dem Fahrrad $t_1 = t_2$, der Zeit für den zweiten Wegabschnitt zu Fuß, ist.

30. Als der Vater 3 Jahre alt wurde, war der Großvater 45. Bei der Geburt des Vaters hatte der Großvater demnach ein Alter von 42 Jahren. Um das doppelte Alter des Vaters zu erreichen, mußte der Großvater diesen Zeitraum noch einmal durchleben, denn dann hätte der Vater dasselbe Alter, wie der Großvater bei seiner Geburt gehabt hatte. Der Großvater war demnach 84 Jahre, der Vater 42 Jahre und der Sohn (die Hälfte des Vateralters) 21 Jahre alt.
Das Alter der drei Männer kann man auch mit Hilfe einer Gleichung berechnen:
Der Vater war 3 Jahre alt, als der Großvater 45 wurde. Nun ist ein Zeitraum von x Jahren vergangen und der Großvater ist doppelt so alt wie der Vater. Es gilt:

$$45 + x = 2(3 + x) \qquad 45 + x = 6 + 2x$$

Aus dieser Gleichung ergibt sich für x der Wert 39. Wird dieser Wert in die Ausgangsgleichung eingesetzt, so erhält man für das Alter
des Großvaters: $45 + x = 45 + 39 = 84$ Jahre,
des Vaters: $3 + x = 3 + 39 = 42$ Jahre
und des Sohnes: 42 Jahre : 2 = 21 Jahre.

31. Die Menge der Schwestern sei x, und die Menge der Brüder sei y. Durch die Aussage: »Ein Mädchen hat doppelt so viele Brüder wie Schwestern!« läßt sich die erste Gleichung erstellen:

$$y = 2(x - 1).$$

(Von der Menge der Schwestern müssen wir 1 subtrahieren, da diese Aussage von einer der Schwestern gemacht wurde und diese sich in die Menge x nicht mit einbezog.)

Durch die Aussage: »Jeder Bruder hat gleich viele Schwestern wie Brüder!«, entsteht die zweite Gleichung:

$$y - 1 = x \text{ oder } y = x + 1.$$

(Wiederum müssen wir, diesmal jedoch von der Menge der Brüder, 1 subtrahieren, da diese Aussage von einem Bruder gemacht wurde und dieser sich in die Menge y nicht mit einbezog.)

Es können nun mit Hilfe eines Gleichungssystems die Werte für x und y berechnet werden:

GLEICHUNG 1 − GLEICHUNG 2

$$
\begin{aligned}
y &= 2x - 2 \\
-(y &= x + 1) \\
\hline
0 &= x - 3 \\
x &= 3
\end{aligned}
$$

Den Wert für x setzt man nun in die Gleichung 1 ein und erhält somit den Wert für y:

$$
\begin{aligned}
y &= 2(3 - 1) \\
y &= 4
\end{aligned}
$$

Die Familie umfaßt also 4 Jungen + 3 Mädchen + 1 Vater + 1 Mutter = 9 Personen.

$$28 = 2 + 2 + 2 + 22$$
$$1000 = 888 + 88 + 8 + 8 + 8$$
$$100 = 111 - 11$$
$$100 = 5(5 + 5 + 5 + 5)$$
$$100 = 5 \cdot 5 \cdot 5 - 5 \cdot 5$$
$$100 = 5 \cdot 5\left(5 - \frac{5}{5}\right)$$

32. Siehe Abbildung!

33. Der Weg von der dritten zur neunten Etage ist um 120 Stufen länger als der Weg vom Erdgeschoß zur dritten Etage. In der Abbildung ist dies sehr gut zu erkennen.

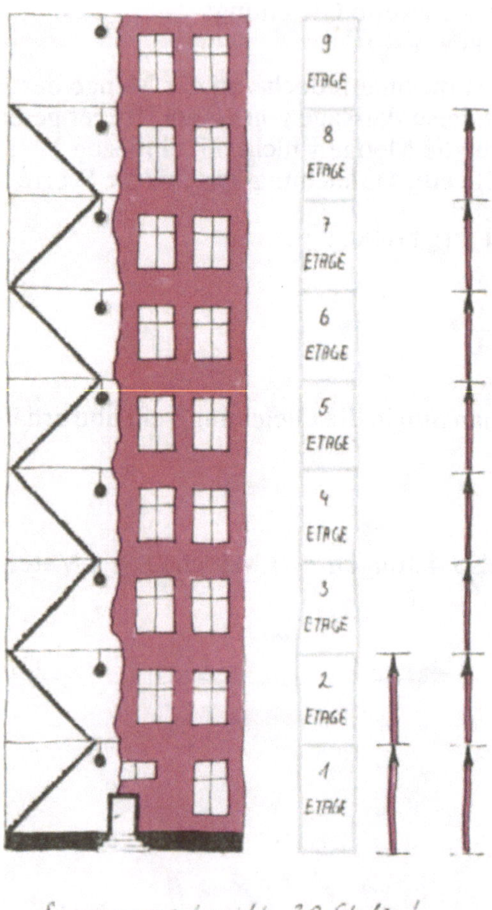

34. Der Preis für die Flasche sei x. Dann muß das Öl, da es 8,00 Mark
mehr kosten soll, $x + 8,00$ Mark sein. Man berechnet nun den
Wert für x:

$$x + x + 8,00\,\text{M} = 8,20\,\text{Mark}$$
$$2x + 8,00\,\text{M} = 8,20\,\text{Mark}$$
$$x = 0,10\,\text{Mark}$$

Die Flasche kostete demnach 0,10 Mark und das Öl 8,10 Mark.

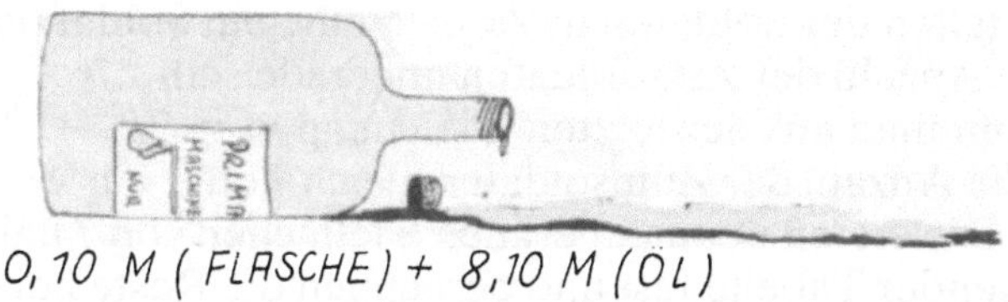

35. Mein Bekannter stellte vor seinem Weggang die Standuhr auf 12 Uhr und zog sie auf. Dann lief er zu mir, erfuhr die genaue Uhrzeit und lief in der gleichen Zeit, die er für den Hinweg benötigt hatte, wieder zurück. Nun schaute mein Bekannter auf seine Standuhr und wußte, wieviel Zeit seit seinem Weggehen vergangen war. Er dividierte diese Zeitspanne durch 2 (Hin- und Rückweg) und addierte das Ergebnis zu der genauen von mir erfahrenen Uhrzeit. Ein Beispiel soll diesen Vorgang verdeutlichen:

Mein Bekannter stellte seine Standuhr auf 12 Uhr und lief zu mir. Ich sagte ihm, daß es 15^{38} Uhr sei. Er lief zurück und schaute auf seine Standuhr. Diese zeigte eine Zeit von 12^{58} Uhr an. Er hatte also für den Hin- und Rückweg 58 Minuten benötigt. Da er beide Male mit der gleichen Geschwindigkeit lief, hatte der Rückweg $58 : 2 = 29$ Minuten gedauert. Diese 29 Minuten mußte mein Bekannter zu der erfahrenen genauen Uhrzeit (15^{38} Uhr) hinzuzählen. Er stellte seine Standuhr demnach auf 16^{07} Uhr – was zu diesem Zeitpunkt der exakten Uhrzeit entsprach.

36. Man bezeichnet die Menge der Zinnsoldaten mit m und die Anzahl der vollen Glieder einer jeden Reihe mit k_d, wobei d die Zahl der Zinnsoldaten angibt, die in einem solchen Glied stehen. Für d kämen dann $d = 2, 3, 4, 5, 6$ und 7 in Frage.

Als die Soldaten in einer Zweierreihe ($m : 2$) standen, blieb ein Rest von 1, bei Dreierreihen ein Rest von 2, bei Viererreihen ein Rest von 3 usw.

Diese Angaben werden durch folgende Gleichung festgehalten:

$$m : d = k_d + (d - 1) : d \qquad | \cdot d$$
$$m = d \cdot k_d + (d - 1)$$

Es werden nun alle für d möglichen Werte in die Gleichung eingesetzt:

$$m = 2k_2 + (2 - 1)$$
$$m = 3k_3 + (3 - 1)$$
$$m = 4k_4 + (4 - 1)$$
$$m = 5k_5 + (5 - 1)$$
$$m = 6k_6 + (6 - 1)$$
$$m = 7k_7 + (\ 0\ )$$

Da beim Aufstellen der Soldaten in Zweierreihe ein Soldat übrig blieb, muß die Anzahl der Zinnsoldaten ungerade sein.

Außerdem kann man aus der letzten Gleichung $m = 7k_7 + 0$ erkennen, daß die Anzahl der Zinnsoldaten gleich 7 oder ein Vielfaches von 7 ist. Die ersten neun ungeraden Vielfachen von 7 halten wir nun in folgender Tabelle fest und berechnen die Reste bei der Teilung der Anzahl der Zinnsoldaten (m) durch alle für d möglichen Werte:

m	$(d = 2)$ REST	$(d = 3)$ REST	$(d = 4)$ REST	$(d = 5)$ REST	$(d = 6)$ REST	$(d = 7)$ REST
7	1	1	/	/	/	/
21	1	0	/	/	/	/
35	1	2	3	0	/	/
49	1	1	/	/	/	/
63	1	0	/	/	/	/
77	1	2	1	/	/	/
91	1	1	/	/	/	/
105	1	0	/	/	/	/
119	1	2	3	4	5	0

(Falls nach einer vorgeschriebenen Teilung nicht der geforderte Rest übrig bleibt, können die Berechnungen der weiteren Reste entfallen. In der Tabelle wurde dies mit einem »/« gekennzeichnet.)

Aus der Tabelle ist zu ersehen, daß nur eine Anzahl von 119 Zinnsoldaten bei einer Teilung durch 2 (Zweierreihen) den Rest 1, bei einer Teilung durch 3 (Dreierreihen) den Rest 2, bei einer Teilung durch 4 (Viererreihen) den Rest 3 usw. ergibt.

Der Junge besaß also 119 Zinnsoldaten.

37. Durch die 24. Glasmurmel konnte zwar eine Teilung bewerkstelligt werden, die aber ganz bestimmt nicht die Lösung des gestellten Problems war.

$\frac{1}{2} + \frac{1}{3} + \frac{1}{8}$ sind niemals $\frac{1}{1}$. Es bleibt immer ein Rest. Zufällig war bei einer Anzahl von 24 Glasmurmeln eben dieser Rest genau 1, denn: $\frac{1}{2}$ (12 Glasmurmeln) $+ \frac{1}{3}$ (8 Glasmurmeln) $+ \frac{1}{8}$ (3 Glasmurmeln) $+ 1$ Glasmurmel (Rest) $= 24$ Glasmurmeln.

Bei einer Anzahl von 23 Glasmurmeln wäre die Teilung in der gewünschten Form überhaupt nicht möglich gewesen, denn:

$\frac{1}{2}$ (11,5 Glasmurmeln) + $\frac{1}{3}$ (7,$\overline{6}$ Glasmurmeln) + $\frac{1}{8}$ (2,875 Glasmurmeln) + 0,96 Glasmurmeln (Rest) = 23 Glasmurmeln.
Demnach hätten die Kinder, bei 23 Glasmurmeln, mehrere zerstören müssen, wobei ihnen dies wohl nichts genützt hätte und deshalb wohl auch nicht erwünscht gewesen wäre.

38. Unsere unbekannten Größen sind die verschiedenen Mengen der Lämmer in den beiden Schafherden. Sie werden mit x und y bezeichnet. Aus der Aufgabenstellung geht hervor, daß beim Übergehen eines Lammes aus der Menge x in die Menge y beide Mengen (x und y) gleich groß gewesen wären. Diese Tatsache lautet als Gleichung formuliert folgendermaßen:

$$x - 1 = y + 1$$

Weiterhin ist uns bekannt, daß die Menge x doppelt so groß wie y sein würde, sollte ein Lamm aus der Menge y in die Menge x kommen. Die Gleichung für dieses Problem ist:

$$x + 1 = 2(y - 1)$$

Mit Hilfe eines Gleichungssystems lassen sich nun die Werte für x und y berechnen. Die zweite Gleichung wird von der ersten subtrahiert, und man erhält:

$$\begin{aligned}
x + 1 &= y + 3 \qquad &&\leftarrow \text{Auf beiden Seiten der ersten Gleichung} \\
- (x + 1 &= 2(y - 1)) \qquad && \text{wurde 2 addiert!} \\
\hline
0 &= y + 3 - 2(y - 1) \\
0 &= y + 3 - 2y + 2 \\
0 &= + 5 - y \\
y &= 5
\end{aligned}$$

Da nun der Wert für y (= 5) bekannt ist, läßt sich durch Einsetzen des Wertes in die erste oder zweite Gleichung der Wert für die Menge x ermitteln:

$$x - 1 = 5 + 1$$
$$x - 1 = 6$$
$$x = 7$$

Die beiden Schäfer hatten demnach 5 und 7 Lämmer in ihren Herden, bevor sich dieselben miteinander vermischten.

39. Angenommen, der Großvater steht auf dem x. Platz (von links nach rechts gezählt). Dann stünden links neben ihm $x - 1$ und rechts neben ihm $18 - x$ Sänger. Hätte der Großvater sich um zwei Stellen nach rechts bewegt, so wäre die Anzahl der Sänger links neben ihm $x + 1$ und die Anzahl der Sänger rechts neben ihm $18 - (x + 2)$, also $16 - x$. Das Produkt aus den beiden letzten Gleichungen sei um 14 größer, als das aus den beiden ersten Gleichungen. Es entstehen somit:

$$(x + 1) \cdot (16 - x) = (x - 1) \cdot (18 - x) + 14 \text{ oder}$$
$$(x + 1) \cdot (16 - x) - (x - 1) \cdot (18 - x) = 14$$

Für x ergibt sich aus dieser Gleichung der Wert 5.
Der Großvater stand also auf dem fünften Platz (von links nach rechts gezählt).

40. Die Antwort »Drei Schiffe!«, die leider nur zu oft gegeben wird, ist falsch, da nur die Schiffe in Betracht gezogen wurden, welche am Tage der Abfahrt des Schiffes unseres Kapitäns in Ponta Delgada starten. Tatsächlich begegnet der Kapitän dem ersten Schiff bereits im Hafen von Reykjavik, da man unbedingt die Schiffe beachten muß, die bereits drei Tage vor der Abfahrt unseres Schiffes aus Reykjavik von Ponta Delgada abfuhren. Da nun alle 24 Stunden ein Schiff in Ponta Delgada ablegt und der Kapitän mit seinem Schiff die gleiche Geschwindigkeit fährt, trifft sich alle 12 Stunden ein Schiff aus Ponta Delgada mit dem Schiff unseres Kapitäns. Das wären in drei Tagen genau 6 Schiffe. Im Hafen von Ponta Delgada trifft unser Kapitän dann noch einmal auf ein Schiff, welches in diesem Moment gerade in See stechen will. Insgesamt würde der Kapitän auf seiner Fahrt von Reykjavik nach Ponta Delgada genau 7 Schiffen aus Ponta Delgada begegnen.
Die Abbildung ist die graphische Lösung dieses Problems!
Die grauen Punkte kennzeichnen die Stellen, an denen das Schiff des Kapitäns auf ein Schiff von den Azoren trifft.

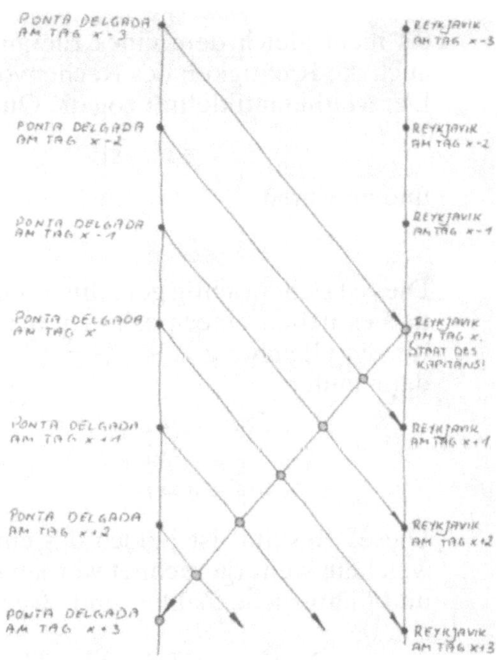

41. Das Volumen des Aquariums sei V.

In einer Stunde würde jede der vier Gummiröhren $\frac{V}{6} + \frac{V}{3} + \frac{V}{1} + \frac{V}{2}$ schaffen. In einer Stunde fließt also durch alle vier Röhren:

$$\frac{V}{6} + \frac{V}{3} + \frac{V}{1} + \frac{V}{2} = \frac{2V}{12} + \frac{4V}{12} + \frac{12V}{12} + \frac{6V}{12} = \frac{24V}{12} = 2V$$

Wenn in einer Stunde $2V$ durch alle Röhren fließen, so kann die Wassermenge V in der Hälfte dieser Zeit, also in 30 Minuten, durch die vier Gummiröhren in das Aquarium befördert werden.

42. Der Passant hatte natürlich nicht zu viel für die Eier bezahlt. Wenn man sich die Rechnung anschaut, wird erkennbar, daß für die Anzahl der vollen Stunden jeder beliebige Wert eingesetzt werden kann, ohne den Preis der Eier zu beeinflussen:
(Die Anzahl der vollen Stunden sei x!)

$$\frac{x \cdot 3 \cdot 10}{x} + 15 = 45 \text{ (Mark)}$$

Die Eier kosteten demnach 45 Mark!

43. Die Aufgabe erscheint sicher schwieriger, als sie wirklich ist. Natürlich kann man davon ausgehen, daß das Gewicht eines Spiegel-

eis nicht gleich dem eines Elefanten sein kann. Fest steht aber auch die Richtigkeit des Rechenvorganges – bis zu einem Punkt. Der Mathematiklehrer zog die Quadratwurzel aus der Gleichung

$$(s - g)^2 = (f - g)^2,$$

und er erhielt:

$$s - g = f - g.$$

Dies ist sicher richtig gerechnet, nur darf nicht übersehen werden, daß es neben einer positiven auch eine negative Quadratwurzel für die Gleichung $(s - g)^2 = (f - g)^2$ gibt. Das Ergebnis würde dann lauten:

$$s - g = -(f - g)$$
$$s - g = -f + g$$
$$s - g = g - f$$

Dieses Resultat ist jedoch das einzige und deshalb richtige, mit welchem weitergerechnet werden darf. Da die beiden Gewichte s und f natürliche Zahlen sind, ergeben sich aus der Ausgangsgleichung

$s + f = 2g$ die zwei folgenden Voraussetzungen:

1. Wenn $s < g$ ist, muß $f > g$ sein.
2. Wenn $s > g$ ist, muß $f < g$ sein.

Es ist nun zu prüfen, ob die Gleichung mit der positiven oder mit der negativen Quadratwurzel die beiden Forderungen erfüllt.

Positive Quadratwurzel:

$$s - g = f - g$$

Bei $\quad s > g$ ist $f > g.$

Der Fall 2. $s > g$ und $f < g$ wird durch diese Gleichung nicht erfüllt.

Negative Quadratwurzel:

$$s - g = g - f$$

Bei $\quad s > g$ ist $f < g =$ Fall 2.!
Bei $\quad s < g$ ist $f > g =$ Fall 1.!

Die Gleichung mit der negativen Quadratwurzel erfüllt also die Forderungen, die durch die Fälle 1. und 2. gestellt wurden. Bei einer Addition von g und f auf beiden Seiten der Gleichung erhalten wir wieder die Ausgangsgleichung, was als weiterer Beweis für die Richtigkeit dieser Gleichung gelten kann.

114

$$s - g = g - f \qquad |\ + g,\ + f$$
$$s + f = 2g$$

Die Feststellung $s = f$ läßt sich aber aus der richtigen Gleichung nicht explizieren, was auch der allgemeinen Erfahrung entsprechen dürfte!

44. Da die Zahl durch 7, 8 und 9 teilbar sein muß, ist es notwendig, das kleinste gemeinsame Vielfache dieser drei Ziffern zu suchen: $7 \cdot 8 \cdot 9 = 504$. Ein weiterer Faktor kann nicht hinzukommen, da selbst beim kleinstmöglichen, nämlich der 2, die Zahl vierstellig wäre.
504 ist also die kleinste natürliche, dreistellige Zahl, die die geforderten Voraussetzungen erfüllt.

45. Der Jäger kam nach dreimaligem Wenden um 90° zu seinem Ausgangspunkt zurück. Das ist jedoch nur möglich, wenn er sich auf der Peripherie eines sphärischen Dreiecks (sphärisches Dreieck = Dreieck auf einer Kugel) bewegt. Auf unserer Erdkugel sind unzählig viele solcher sphärischen Dreiecke vorhanden (Abbildung).
Durch die genauen Richtungsangaben gibt es jedoch nur zwei Möglichkeiten für den Standort des Jagdhauses.

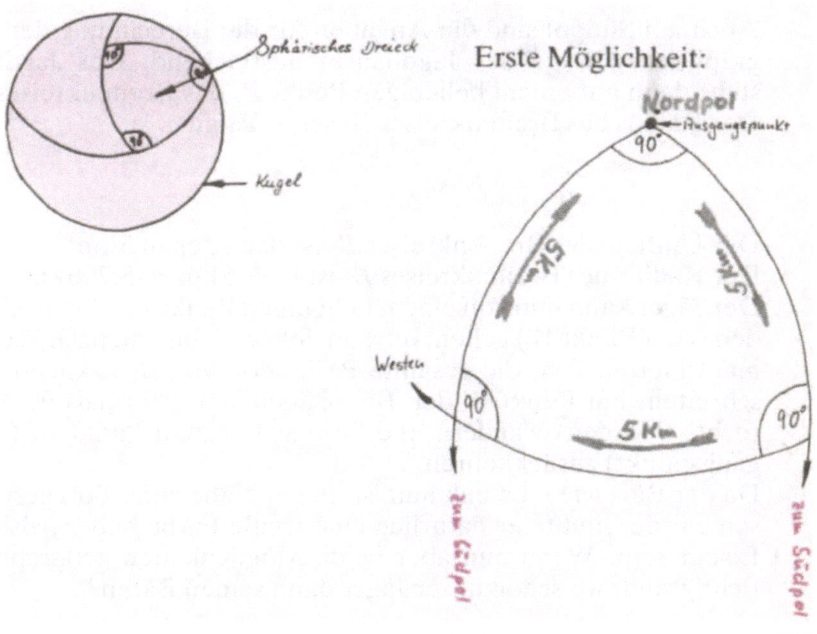

Der Jäger befand sich genau am Nordpol, als er zur Jagd ausschritt. Er lief dann auf einem Längengrad 5 km nach Süden, wendete um 90° nach Westen und lief auf einem Breitengrad weitere 5 km. Hier schoß er den Bären, wandte sich wiederum 90° nach rechts und lief auf einem Längengrad 5 km nach Norden (zum Nordpol, seinem Ausgangspunkt), s. Abbildung.

Zweite Möglichkeit:

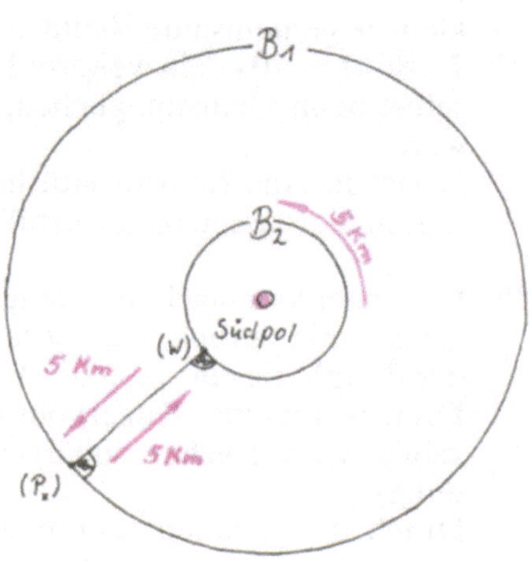

Auch am Südpol sind die Angaben für die Berechnung der geographischen Lage des Jagdhauses ausreichend. Das Jagdhaus steht dann auf einem beliebigen Punkt P_x des Breitenkreises B_1. Der Radius des Breitenkreises B_2 sei r_2. Es gilt:

$$r^2 = \frac{5\,\text{km}}{2\pi} = 0{,}796\,\text{km}$$

Der Umfang des Breitenkreises B_2 ist dann genau 5 km!
Der Radius des Breitenkreises B_1 ist $r_2 + 5\,\text{km} = 5{,}796\,\text{km}$!
Der Jäger kann nun von einem beliebigen Punkt P_x 5 km nach Süden (zum Punkt W) gehen, dort um 90° wenden und nach Westen marschieren, d. h. die gesamte Peripherie von B_2 (5 km) durchschreiten, am Punkt W den Bären schießen, abermals 90° nach rechts (Norden) wandern und 5 km später zum Punkt P_x (Ausgangspunkt) zurückkehren.
Da der Bär, wie jetzt bekannt ist, in der Nähe eines Pols geschossen wurde, mußte er natürlich eine weiße Farbe haben, also ein Eisbär sein. Wenn nun aber beide Möglichkeiten geographisch richtig sind, wo schoß unser Jäger dann seinen Bären?

Ohne Zweifel am Nordpol, denn am Südpol wäre eine Bärenjagd
unbedingt erfolglos verlaufen, da dort keine Eisbären leben!

46. Bei dieser Aufgabe wird oftmals der Fehler gemacht, das Nachge-
hen der Standuhr mit dem Vorgehen der Kuckucksuhr auszugleichen und die 5 Minuten der Taschenuhr und die 5 Minuten des
Weckers zu addieren, was dann eine Nachzeit von 10 Minuten er-
geben würde.
Der Schlag zur vollen Stunde würde nach dieser Rechnung um
13^{10} Uhr regulärer Zeit von der Taschenuhr getätigt werden. Dies
ist jedoch nicht der Fall.
Als erstes sind Schritt für Schritt alle gegebenen Laufgeschwindig-
keiten der vier Uhren zu betrachten.
Wenn 1 Stunde der genauen Uhrzeit vergangen ist, bewegen sich
die Zeiger der Standuhr nur um 55 Minuten weiter. 1 Stunde der
Standuhr würden dann 65 Minuten der Kuckucksuhr entsprechen.
Die Kuckucksuhr zeigt also für jede Minute der Standuhr $\frac{65}{60}$ Minu-
ten an. Für 1 Stunde genauer Uhrzeit ($\triangleq$ 55 Minuten der Standuhr) zeigt die Kuckucksuhr $\frac{55 \cdot 65}{60}$ Minuten an.
Für 60 Minuten der Kuckucksuhr zeigt der Wecker 55 Minuten an.
Für 1 Minute der Kuckucksuhr zeigt der Wecker also $\frac{55}{60}$ Minuten
und für 1 Stunde regulärer Zeit ($\frac{55 \cdot 65}{60}$ Minuten der Kuckucksuhr) zeigt er $\frac{55}{60} \cdot \frac{55 \cdot 65}{60}$ Minuten an.
Ebenso zeigt die Taschenuhr für jede Minute des Weckers $\frac{55}{60}$ Minuten an. Für 1 reguläre Stunde ($\frac{55 \cdot 55 \cdot 65}{60 \cdot 60}$ Minuten des Weckers)
zeigt die Taschenuhr $\frac{55 \cdot 55 \cdot 55 \cdot 65}{60 \cdot 60 \cdot 60}$ Minuten an.
Das Ergebnis dieser Rechnung sagt, daß die Taschenuhr nach 1
regulären Stunde 50,07 Minuten anzeigt. Für eine volle Stunde
der Taschenuhr erhält man demnach:

$$\frac{60\,(\text{Min. regulärer Zeit}) \cdot 60\,(\text{Min. Taschenuhrzeit})}{50{,}07\,(\text{Min. Taschenuhrzeit})} = 71{,}09\,(\text{Min. regulärer Zeit})$$

Das entspricht einer regulären Uhrzeit von 13^{11} Uhr und 54 Sekunden, zu der die Taschenuhr das erste Mal die volle Stunden-
zahl angibt.
Weshalb aber ist nun ein Berechnen der Nachgehzeit, wie anfangs
angegeben (10 Minuten), nicht richtig?
Weil die 5 Minuten Nach- oder Vorzeit der Uhren untereinander
für jeweils eine volle Stunde der Vergleichsuhr gegeben wurde.

Das bedeutet, daß zum Beispiel das erste Ausgleichen (Die Kukkucksuhr geht 5 Minuten vor – die Standuhr geht 5 Minuten nach – Differenz = 0 Minuten.) bereits unzulässig ist, denn die Standuhr läuft ja in 1 Stunde regulärer Zeit nur **55 Minuten** und zu diesem Zeitpunkt kann der Wert der Kuckucksuhr (5 Minuten) noch gar nicht hinzugezählt werden, da er erst bei **1 Stunde** Laufzeit der Standuhr zutrifft usw.!

47. Zuerst werden die fünf Eisenbahner mit A, B, C, D und E bezeichnet. Das Alter von A sei a, das Alter von B sei b usw. Nach der Voraussetzung: »Drei Eisenbahner hätten eine Quadratzahl als Alter!« gilt: $a + b^2 + c^2 + d^2 + e = 172$, wobei a, b, c, d und e natürliche Zahlen sind.

Das Alter von A ist bekannt, $a = 43$ Jahre. Daraus ergibt sich:

$$b^2 + c^2 + d^2 + e = 129.$$

Aus dieser Gleichung folgt:

$$b^2 < 129,\ c^2 < 129,\ d^2 < 129 \text{ und } e < 129.$$

Weiter steht fest, daß alle fünf Eisenbahner 15 Jahre zuvor schon existierten, wobei drei von ihnen schon einmal eine Quadratzahl von Jahren gelebt hatten. Da das Alter von A, $a = 43$ Jahre ist und A 15 Jahre vorher ein Alter von $a - 15 = 28$ Jahren hatte (28 ist keine Quadratzahl), gilt:

$$b^2 > 15,\ c^2 > 15,\ d^2 > 15 \text{ und } e \geqq 15.$$

Es kommen also für die Altersangaben b^2, c^2 und d^2 nur die Quadratzahlen $n^2 = 16, 25, 36, 49, 64, 81, 100$ und 121 in Frage.
Da keiner der Eisenbahner gleich alt ist, kann bei der Annahme der kleinsten Werte folgende Rechnung aufgestellt werden:

$$129 - c^2 - d^2 - e = b^2,$$
$$129 - 16 - 25 - 15 = 73,$$

b^2 muß also $\leqq 73$ sein. Damit entfallen die Quadratzahlen 81, 100 und 121. Es bleiben übrig: 16, 25, 36, 49 und 64.
Es wird weiterhin, wie oben schon erwähnt, gefordert, daß drei der fünf Eisenbahner 15 Jahre zuvor schon einmal eine quadratische Anzahl von Jahren gelebt hatten. A erfüllte diese Bedingung nicht. Von den Eisenbahnern B, C und D erfüllen demnach höchstens drei, aber mindestens zwei die Bedingung:

$$n^2 - 15 = x^2.$$

Alle für n^2 möglichen Werte sind in diese Gleichung einzusetzen.

Dabei entsteht folgende Tabelle:

n^2	16	25	36	49	64
x^2	1	10	21	34	49

Da, wie aus der Tabelle ersichtlich, die Forderung $n^2 - 15 = x^2$ nur von den Werten $n^2 = 16$ und $n^2 = 64$ erfüllt wird, müssen dies zwei der geforderten Altersangaben sein. Man erhält die Gleichung $43 + 16 + 64 + d^2 + e = 172$.

Für d^2 kommen jetzt nur noch die Quadratzahlen 25, 36 und 49 in Frage. Weil aber $e \geqq 15$ sein soll, ergibt sich für d^2 nur noch die Quadratzahl 25, woraus der Wert für e mit 24 Jahren resultiert. Die fünf Eisenbahner waren also 16, 24, 25, 43, und 64 Jahre alt.

48. Da die Differenz zwischen zwei Zahlen mit vertauschten Ziffern immer 9 oder ein Vielfaches von 9 ist, muß das Alter des Bartlosen 4,5 Jahre (9 : 2) sein. Der Mann mit dem Schnurrbart wäre dann $4,5 \cdot 10 = 45$ Jahre und der mit dem Vollbart 54 Jahre alt. Natürlich könnte man für das Alter des Bartlosen auch die Werte einsetzen, die sich aus der Teilung der Vielfachen von 9 (z. B. 18 : 2 = 9 oder 27 : 2 = 13,5 usw.) ergeben. Diese Werte erfüllen jedoch nicht die Forderungen der Aufgabenstellung.

49. Die Geschwindigkeiten der beiden Züge werden addiert, weshalb sich der schnellere Zug mit einer Geschwindigkeit von

$30 + 42 = 72 \left(\frac{\text{km}}{\text{h}}\right)$ am Zugführer des langsameren Zuges vorbeibewegt.

$72 \frac{\text{km}}{\text{h}}$ entsprechen $20 \frac{\text{m}}{\text{s}}$, und da bekannt ist, daß der schnellere Zug 9 Sekunden benötigte, um am Zugführer vorbeizufahren, ergibt sich daraus die Strecke $9\,\text{s} \cdot 20 \frac{\text{m}}{\text{s}} = 180$ m für die Länge des schnelleren Zuges.

50. Beim ersten Wiegevorgang wird das Mehl zu gleichen Mengen von je 6,5 kg ausgewogen. Dazu benötigt man keine Gewichte. Im zweiten Wiegevorgang muß eine Hälfte (6,5 kg) erneut in zwei gleiche Teile ausgewogen werden. Man erhält dann $2 \cdot 3,25$ kg und die außer acht gelassene Hälfte von 6,5 kg, die aus der ersten Wägung gewonnen wurde. Von der Hälfte des Ergebnisses der zweiten Wägung ($1 \cdot 3,25$ kg) kann man nun mit Hilfe der Gewichte von insgesamt 250 g 250 g

Mehl abwiegen, wobei dann genau 3 kg (6 Pfund) Mehl übrig bleiben.
Siehe dazu die Abbildung!

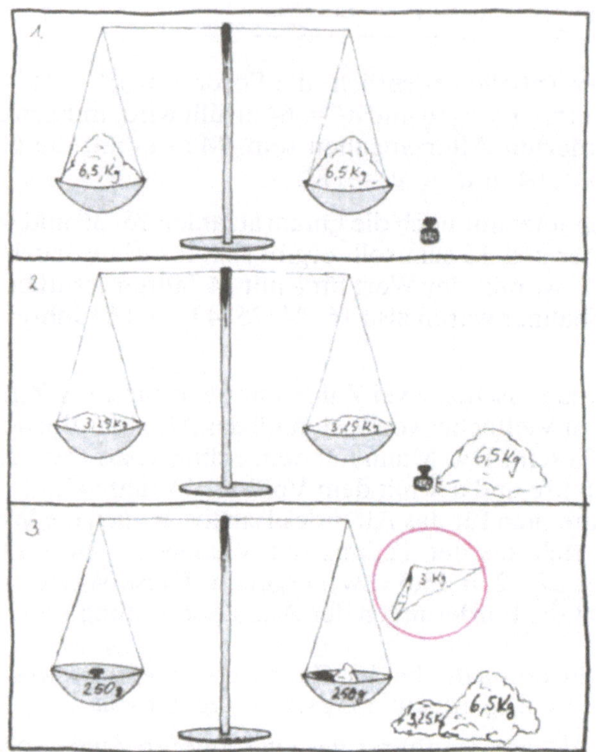

51. Zunächst einmal ist festzustellen, wann Polstermöbel, Teppiche und Schränke das erste Mal zusammen geliefert werden. Das kleinste gemeinsame Vielfache von 2, 4 (28 Tage) und 5 Wochen ist 20 Wochen. Nach 20 Wochen also, am 22. 5. 1982, liefern drei der vier Industriebetriebe zum erstenmal zusammen aus. Da Kleinmöbel nur am 9. jedes Monats geliefert werden, kann dieses Datum nicht unser Ergebnis sein. 40 Wochen nach dem 2. 1. 1982 haben wir den 9. 10. 1982. An diesem Tage liefern neben der Teppich-, Polstermöbel- und der Schrankfabrik auch die Kleinmöbelfabrik, denn es ist der 9. des Monats.
Der 9. Oktober ist demnach das richtige Ergebnis.

52. In der Abbildung ist der Weg gekennzeichnet, den der Gefangene zurücklegen mußte.

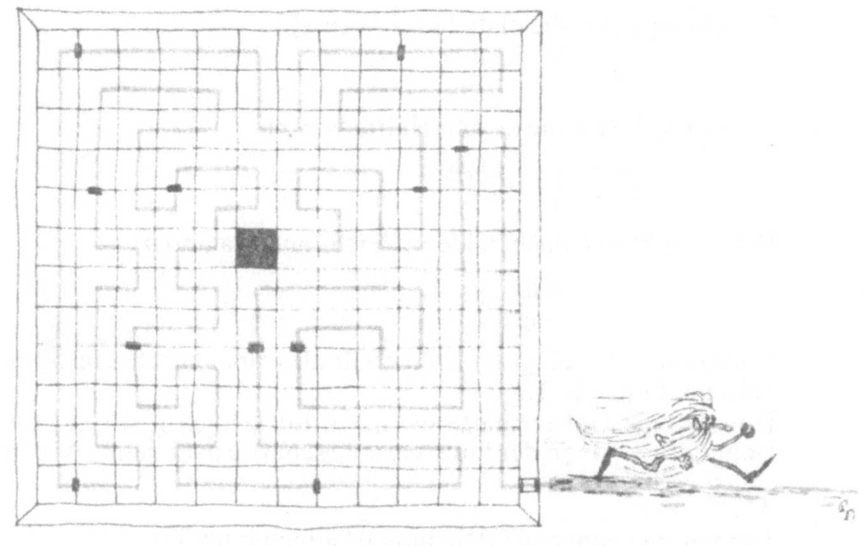

53. Wenn jeder der drei Männer nach der Verteilung 8 Fasane hatte,
mußte der Jäger mit den 14 Fasanen 6 und der Jäger mit den 10 Fasanen 2 Beutetiere abgegeben haben. Das Verhältnis zwischen
diesen beiden Geschenken ist 3 : 1. Die Geldstücke wären also im
Verhältnis 3 : 1 (18 Geldstücke und 6 Geldstücke) gerecht verteilt
gewesen.
Die Verteilung des Geldes fand jedoch im Verhältnis 14 : 10 statt,
was einen Vorteil für den Jäger, der die 10 Fasane erlegt hatte, be-
deutete.

54. Diese Aufgabe läßt sich am einfachsten mit Hilfe einer algebra-
ischen Gleichung lösen. Die Anzahl der Felle wird mit a bezeichnet und die Menge der zur Bearbeitung dieser Felle notwendigen
Tage mit n.

Die erste Hälfte der Felle $\left(\frac{x}{2}\right)_1$ bearbeitete der faule Gerber mit ei-

ner Geschwindigkeit von 20 Fellen je Tag. Die zweite Hälfte $\left(\frac{x}{2}\right)_2$

wollte er mit der dreifachen Geschwindigkeit, nämlich 60 Fellen
am Tag, bearbeiten. Wenn nun n die Anzahl der Tage ist, die für
die Bearbeitung von x notwendig sind, so benötigte der Gerber für
$\left(\frac{x}{2}\right)_1 \frac{3}{4}n$ und für $\left(\frac{x}{2}\right)_2$ eine Zeit von $\frac{1}{4}n$. Mit diesen Erkenntnissen
kann man die Gleichung für die beiden Hälften des Fellpostens x,
$\left[\left(\frac{x}{2}\right)_1 \text{ und } \left(\frac{x}{2}\right)_2\right]$, aufstellen.

Gleichung a (für die erste Hälfte von x)

$$\left(\frac{x}{2}\right)_1 = \frac{3}{4}n \cdot 20\,\frac{\text{Felle}}{\text{Tag}}$$

Gleichung b (für die zweite Hälfte von x)

$$\left(\frac{x}{2}\right)_2 = \frac{1}{4}n \cdot 60\,\frac{\text{Felle}}{\text{Tag}}$$

Für x ergibt sich nach beiden Gleichungen (a und b)

$$x = 30\,\frac{\text{Felle}}{\text{Tag}} \cdot n$$

Wird nun $n = 1$ eingesetzt, so ergibt das eine Anzahl von 30 bearbeiteten Fellen je Tag.
Der fleißige Gerber hatte demnach tatsächlich recht mit seiner Behauptung, denn der faule Geselle schaffte nach seiner Methode nur $30\,\frac{\text{Felle}}{\text{Tag}}$.
Die vorangegangene Gleichung ist allgemeingültig.
Zum besseren Verständnis sei noch ein beliebiges Beispiel angegeben:
Die Anzahl der zu bearbeitenden Felle sei 240 Stück. Der fleißige Gerber benötigte bei $40\,\frac{\text{Felle}}{\text{Tag}}$ nur 6 Tage. Der faule Gerber bearbeitete die erste Hälfte (120 Felle) der Felle mit $20\,\frac{\text{Felle}}{\text{Tag}}$ in 6 Tagen und die zweite Hälfte (120 Felle) der Felle bei $60\,\frac{\text{Felle}}{\text{Tag}}$ in 2 Tagen. Für die gesamten 240 Felle brauchte der faule Gerber demnach 8 Tage, was einem Durchschnitt von $30\,\frac{\text{Felle}}{\text{Tag}}$ entspricht.

55. Die Oberfläche des Käses sei A. Nach 25 Tagen war dieser zu $\frac{A}{3}$ mit Schimmel bedeckt. 5 Tage vorher, also am 20. Tag nach dem Bestreichen, war der Käse zu $\frac{A}{9}$ mit Schimmel überzogen, denn wir wissen, daß sich der Schimmel alle 5 Tage um das Dreifache vergrößert. Am 15. Tag hatte die verschimmelte Fläche ein Ausmaß von $\frac{A}{27}$ usw.
Aus diesen Ergebnissen kann man die geometrische Folge

$$\cdots \frac{A}{243}, \frac{A}{81}, \frac{A}{27}, \frac{A}{9}, \frac{A}{3} \cdots \text{ ableiten.}$$

Es läßt sich leicht erkennen, daß das nächstgrößere Glied in dieser Folge A sein wird, was der gesamten Oberfläche des Käses entspricht. Da der Abstand zwischen jedem Glied dieser Folge im-

mer 5 Tage währt, mußte der gesamte Käse am dreißigsten Tag
nach dem Bestreichen völlig mit Schimmel bedeckt gewesen sein.
Da Hermann den fünfundzwanzig Tage alten Käse an einem
Sonntag kontrollierte und der Onkel zwei Tage nach der vollständigen Reifung denselben anschnitt, mußte das Abendessen mit
dem hausgemachten Käse ebenfalls an einem Sonntag stattgefunden haben.

56. Die einfachste Möglichkeit, zur Lösung zu kommen, besteht
darin, 22 Punkte in einem Kreis aufzuzeichnen. Nun malt man
zwischen zwei Punkte, an eine beliebige Stelle, ein Kreuzchen und
beginnt mit diesem in Uhrzeigerrichtung zu zählen. Jedes 20te
Zeichen, egal ob es ein Punkt oder das Kreuzchen ist, wird herausgestrichen. Nachdem die Zählung 22mal wiederholt wurde, bleibt
ein Punkt übrig. Setzt man jetzt für diesen Punkt die Lokomotive
ein, so zeigt das Kreuzchen, an welcher Stelle mit dem Zählen begonnen werden muß. In der Abbildung ist zu sehen, daß der Junge
mit dem sechsten Wagen hinter der Lokomotive begann.
Die Zahlen in den Punkten geben an, in welcher Reihenfolge die
Punkte herausgestrichen wurden.

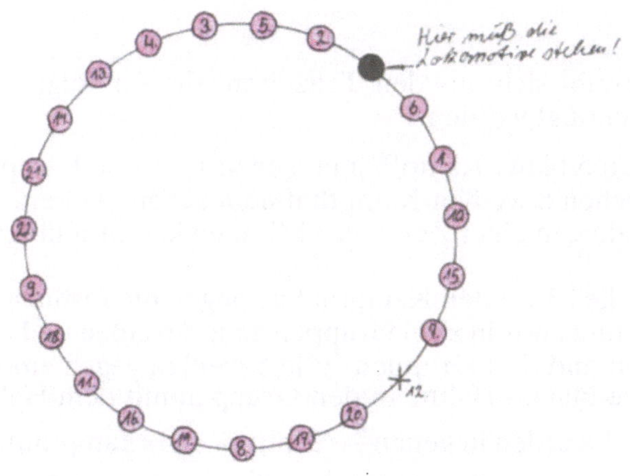

57. Wie der Winzer den Wein abmessen muß, ist aus den Abbildungen ersichtlich. Auf dem Weg zu den 2 · 4 Litern Wein werden
alle Möglichkeiten 11, 21, 31, 51, 61, 71 und 81 aufgezeigt.
Die Zahlen in den Gefäßen geben das Fassungsvermögen an, und
die Zahlen unter den Gefäßen beschreiben, wieviel Wein sich jeweils im Gefäß befindet.

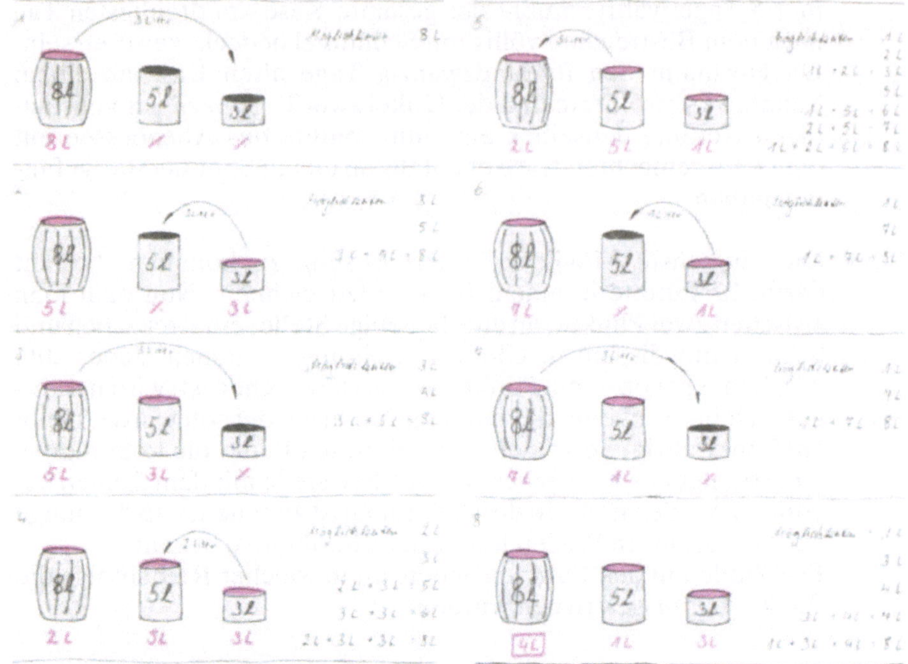

58. Die Kampfzeit ergibt sich aus den Teilzeiten, die für folgende Kampfetappen benötigt werden:

1. Zuerst kämpfen 5 blaue Kampfhähne gegen 15 weiße Kampfhähne. Die restlichen 8 weißen Kampfhähne machen die beiden letzten blauen Hähne in einer Zeit von 3 Minuten kampfunfähig.

2. Nun kämpfen die 23 weißen Kampfhähne gegen die restlichen 5 blauen Hähne, und zwar in zwei Gruppen zu je 4 weißen und einem blauen Hahn und drei Gruppen zu je 5 weißen gegen einen blauen Hahn. Die blauen Hähne in den Gruppen mit dem Hahnenverhältnis 5 : 1 werden in genau $\frac{4}{5} \cdot 3\,\text{min} = 144\,\text{s}$ kampfunfähig gemacht. In diesem Zeitraum machen die Gruppen mit dem Hahnenverhältnis 4 : 1 ihre Gegner zu $\frac{4}{5}$ kampfunfähig, denn um die blauen Hähne ganz auszuschalten, hätten sie 3 min, also 180 s, benötigt. Aus dieser Voraussetzung ergibt sich auch die Gleichung für den Grad der Schwächung der blauen Hähne:

$$\frac{144\,\text{s}}{180\,\text{s}} = \frac{4}{5}.$$

124

3. In der dritten Kampfetappe stehen sich nun 23 weiße Kampfhähne und die beiden letzten blauen Kampfhähne gegenüber. Die
blauen Hähne, die nur noch $\frac{1}{5}$ ihrer ursprünglichen Kraft besitzen,
müssen einmal gegen 11 und einmal gegen 12 weiße Hähne kämpfen.
Der Kampf der Gruppe mit dem Hahnenverhältis 12 : 1 geht nach

$$\frac{1}{5} \cdot \frac{4}{12} \, 3\,\text{min} = \frac{12}{60}\,\text{min} = 12\,\text{s}$$

zu Ende. Die zweite Gruppe hätte nach

$$\frac{1}{5} \cdot \frac{4}{11} \, 3\,\text{min} = \frac{12}{55}\,\text{min} = 13\,\text{s}$$

ihren blauen Kampfhahn bezwungen. Die 11 weißen Kampfhähne reduzierten demnach die Kampfkraft des blauen Hahnes
von $\frac{1}{5}$ auf $\frac{1}{5} \cdot \frac{1}{13} = \frac{1}{65}$.

4. Dieser letzte blaue Kampfhahn, der nur noch $\frac{1}{65}$ seiner ursprünglichen Kampfkraft besaß, wurde von seinen nun 23 weißen
Widersachern in einer Zeit von

$$\frac{1}{65} \cdot \frac{4}{23} \cdot 3\,\text{min} = \frac{12}{1495}\,\text{min} = \frac{720}{1495}\,\text{s}$$

besiegt.
Die gesamte Kampfzeit ist die Summe der Zeiten in den 4 Kampfetappen: $3\,\text{min} + 144\,\text{s} + 12\,\text{s} + \frac{720}{1495}\,\text{s} = 336{,}48\,\text{s}$ oder 5 min und
36 s. Ein Kampf zwischen 23 weißen und 7 blauen Kampfhähnen
wäre also nach 5 Minuten und 36 Sekunden beendet gewesen.

59. Die Länge der kürzeren Kerze wird mit a bezeichnet, die der längeren mit b.
Die Kerze a brennt in einer Stunde um $a : 7\frac{1}{2} = \frac{2}{15}\,a$ und die
Kerze b brennt in einer Stunde um $b : 4 = \frac{1}{4}\,b$ herunter.
Nach zwei Stunden hat die Kerze a eine Länge von

$$a - 2\left(\frac{2}{15}a\right) = a - \frac{4}{15}a = \frac{11}{15}a$$

und die Kerze b eine Länge von

$$b - 2\left(\frac{1}{4}b\right) = b - \frac{2}{4}b = \frac{1}{2}b.$$

Nach diesen zwei Stunden sollen die beiden Kerzen gleiche Länge haben. Aus diesem Grund gilt:

$$\frac{11}{15}\,a = \frac{1}{2}\,b$$

$$\frac{22}{15}\,a = b$$

$$22\,a = 15\,b$$

$$a = \frac{15}{22}\,b$$

Die eine Kerze war also um $\frac{7}{22}$ kürzer als die andere!

60. Die Anzahl der Äpfel sei x. Jeder der drei Jungen erhielt demnach $\frac{x}{3}$. Als jeder der Jungen vier Äpfel gegessen hatte, hatten alle zusammen noch so viele Äpfel, wie jeder vor der Verteilung besaß. Das heißt:

$$x - 12 \text{ Äpfel} = \frac{x}{3}$$

$$x = 18 \text{ Äpfel}$$

Vor der Verteilung hatte der eine Junge also 18 Äpfel besessen. Jeder erhielt also 6 Äpfel. Davon aß jeder 4 Äpfel. So besaß jeder noch 2, alle zusammen noch 6 Äpfel.

61. Die erste Ziffer einer natürlichen Zahl soll 3 sein. Dies kann folgendermaßen dargestellt werden:

$$3 \cdot 10^k + x.$$

Setzt man nun die erste Ziffer an die letzte Stelle, so ergibt sich

$$10 \cdot x + 3.$$

Den Bedingungen zufolge soll die zweite Zahl $\frac{1}{4}$ der ersten ausmachen. Man erhält dann die Gleichung:

$$\frac{1}{4}(3 \cdot 10^k + x) = 10 \cdot x + 3.$$

Eine solche Gleichung nennt man auch diophantische Gleichung (nach dem griechischen Mathematiker Diophantos von Alexandria, der um 250 v. u. Z. lebte). In dieser Art von Gleichungen werden nur ganzzahlige Lösungen zugelassen. Löst man die Gleichungen nach x auf, so ist

$$x = \frac{(3 \cdot 10^k) - 12}{39}.$$

Für k müssen nur noch der Reihe nach die natürlichen Zahlen von

1, 2, 3, 4, 5 ... eingesetzt werden, bis sich für x eine ganzzahlige Lösung ergibt. Für $k = 5$ ist das das erste Mal der Fall. Demnach ist

$$x = \frac{(3 \cdot 10^5) - 12}{39}.$$

$$x = 7692.$$

Die natürliche Zahl mit der geforderten Eigenschaft ist also $307\,692$, und $\frac{1}{4}$ davon ist $076\,923$.

Die allgemein gültige Lösung dieser Aufgabe ist der Lösungsgleichung, die für die in der Aufgabe gesuchten Zahl herausgearbeitet wurde, nicht unähnlich.

Um die allgemein gültige Lösung zu finden, ist wie bei der Lösung der Aufgabe 61 zu verfahren.

Die erste Ziffer einer natürlichen Zahl sei y:

$$y \cdot 10^k + x.$$

Die erste Ziffer wird an die letzte Stelle gesetzt, und es ergibt sich:

$$10 \cdot x + y.$$

Da die zweite Zahl $\frac{1}{4}$ der ersten ausmachen soll, erhält man die Gleichung:

$$\frac{1}{4}(y \cdot 10^k + x) = 10 \cdot x + y$$

Nach x aufgelöst entsteht

$$x = y \cdot \frac{10^k - 4}{39}. \qquad \text{(a)}$$

Für y kann man nun jeden beliebigen Wert von 1 bis 9 einsetzen ($1 \leqq y \leqq 9$). Außerdem ist $10^k - 4$ eine (k minus 1)-stellige natürliche Zahl, deren letzte Stelle eine 6 sein muß. Weiterhin kann vor der letzten Stelle (6) nur eine unbekannte Anzahl der Ziffer 9 stehen. Diese Zahl ($10^k - 4 = 9 \ldots 6$) wird nun so lange durch den Nenner der Gleichung (a) (= 39) dividiert, bis durch Anfügen einer 6 statt einer 9 die Division $9 \ldots 6 : 39 =$ natürliche Zahl keinen Rest mehr läßt.

Zum Beispiel – die kleinste natürliche Zahl mit $y = 1$

$$9 \ldots 6 = 39 = \text{natürliche Zahl.}$$

$$
\begin{array}{l}
96 : 39 = 2 \\
\underline{78} \\
18 - \text{Rest}
\end{array}
$$

$$996 : 39 = 25$$
$$\underline{78}$$
$$\overline{21}6$$
$$\underline{195}$$
$$\overline{21} - \text{Rest}$$

$$9996 : 39 = 256$$
$$\underline{78}$$
$$\overline{21}9$$
$$\underline{195}$$
$$\overline{24}6$$
$$\underline{234}$$
$$\overline{12} - \text{Rest}$$

$$99\,996 : 39 = 2564$$
$$\underline{78}$$
$$\overline{21}9$$
$$\underline{195}$$
$$\overline{24}9$$
$$\underline{234}$$
$$\overline{15}6$$
$$\underline{156}$$
$$\overline{0} - \text{kein Rest}$$

Die gesuchte Zahl ist 2564. Da $10^k - 4 = 99\,996$ ergab, muß $k = 5$ sein. Die kleinste natürliche Zahl mit $y = 1$ ist demnach:

$$1 \cdot 10^5 + 2564 = 102\,564$$

und ihr vierter Teil 025 641!

62. Es ist bekannt, daß der »Wilde Bill« sich nur um 36 Stunden verspätet hätte, wenn die drei gefressenen Hunde noch 40 Meilen im Gespann mitgelaufen wären. Bei voller Geschwindigkeit (alle 9 Hunde) auf den letzten 80 Meilen wäre die Verspätung nur 12 Stunden, auf den letzten 100 Meilen demnach 0 Stunden gewesen. Daraus kann man folgern, daß der »Wilde Bill« nach den ersten 48 Stunden, die er mit voller Geschwindigkeit zurücklegte, noch 100 Meilen bis zum Registrierbüro fahren mußte.
Wenn nun der »Wilde Bill« die Zeit nach den ersten 48 Stunden mit voller Geschwindigkeit zurückgelegt hätte, so wäre die Anzahl der zurückgelegten Meilen nicht 100 Meilen, sondern

$$x \cdot \frac{6}{9} = 100 \text{ Meilen}$$

$$x = \frac{100 \text{ Meilen} \cdot 9}{6}$$

$$x = 150 \text{ Meilen.}$$

Die Differenz von 50 Meilen hätten ihm also 60 Stunden Fahrt erspart. In 24 Stunden legte der »Wilde Bill« bei voller Geschwindigkeit demnach

$$\frac{50 \text{ Meilen} \cdot 24 \text{ Stunden}}{60 \text{ Stunden}} = 20 \text{ Meilen}$$

zurück. In den ersten 48 Stunden also 40 Meilen. Addiert man nun die letzten 100 Meilen zu diesen 40 Meilen, so erhält man die Entfernung zwischen dem Claim und dem Registrierbüro, nämlich 140 Meilen.

63. Die eine Menge Melonen sei x, die andere sei y. Da beide Mengen verschieden groß sind, gilt $x < y$.
Man subtrahiert nun von beiden Mengen die Hälfte der kleineren Menge (x), und es entstehen die beiden folgenden Gleichungen:

$$x - \frac{x}{2} = \frac{x}{2},$$

$$y - \frac{x}{2} = z.$$

Nach den Forderungen soll die Differenz aus der größeren Menge und die Hälfte der kleineren (z) dreimal so groß sein wie die Differenz aus der kleineren Menge und ihrer Hälfte $\left(= \frac{x}{2}\right)$.

Danach gilt $z = 3\frac{x}{2}$. Da $z = y - \frac{x}{2}$ ist, erhält man folgende Gleichung:

$$y - \frac{x}{2} = 3\frac{x}{2}$$

$$y = \frac{3}{2}x + \frac{x}{2}$$

$$y = \frac{4}{2}x$$

$$y = 2x$$

Die Melonenmenge des einen Melonenhändlers war demnach doppelt so groß wie die des anderen.

64. Die Lösung der Aufgabe ist recht einfach, wenn man »das Pferd von hinten zäumt«.
Bei der letzten Fahrt nach Entenstadt wurden die Wagen verdoppelt und in Entenstadt abgehängt. Dies waren 40 Waggons. Demnach mußte der Lokführer vor der Verdopplung 20 Wagen an seiner Lokomotive gehabt haben. In Fuchshausen gab der Lokführer 40 Wagen ab. Als er in Fuchshausen ankam, hingen an seiner Lokomotive also noch 20 Wagen + 40 Wagen = 60 Wagen. Auf dem Weg nach Fuchshausen von Entenstadt wurde, wie bekannt, die

Die Zahlen im Kreis an der Lokomotive geben die Anzahl der Waggons an!

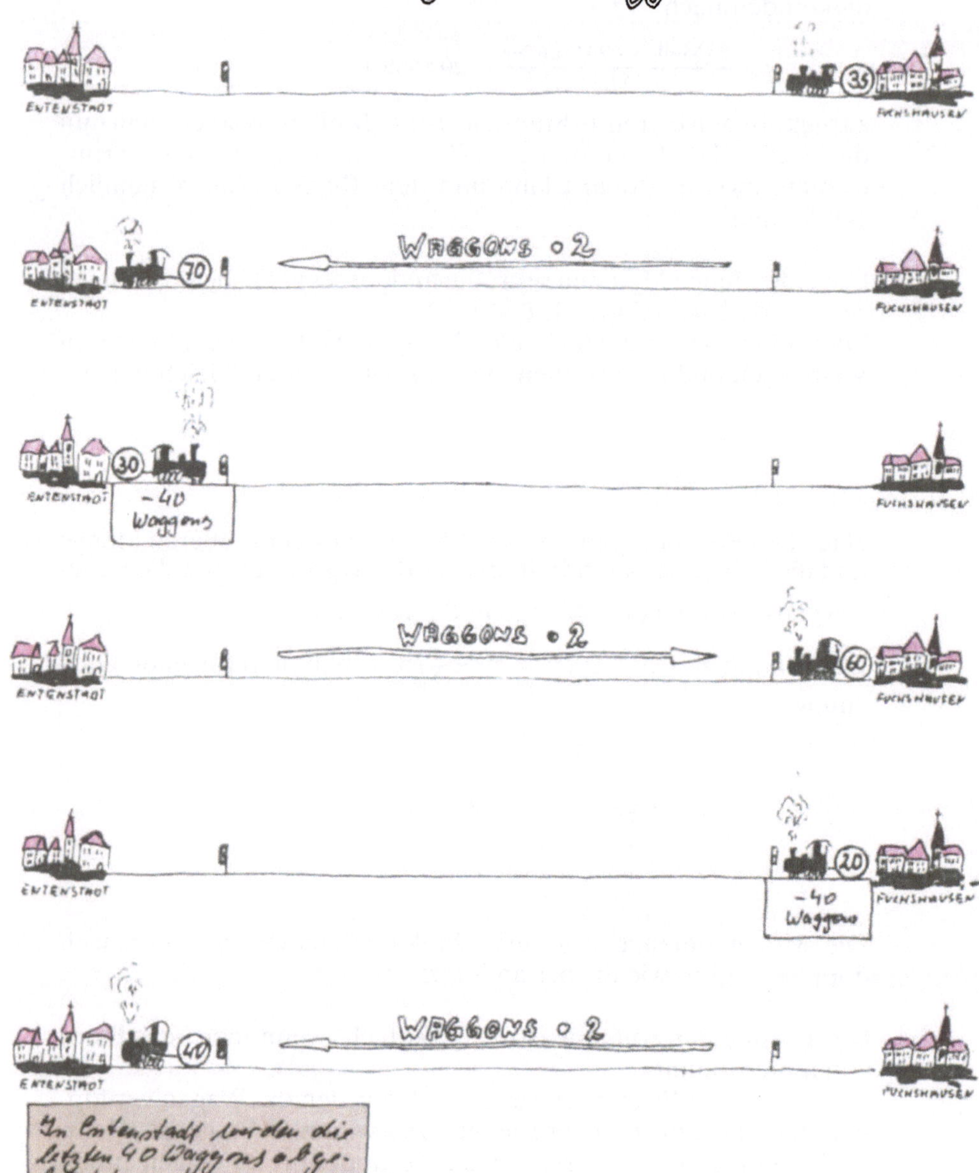

Waggonzahl ebenfalls verdoppelt. An der Lokomotive hingen
also bei der Abfahrt aus Entenstadt 30 Wagen. Vorher wurden
aber 40 Wagen abgekoppelt, woraus sich eine Anzahl von 30 Wagen + 40 Wagen = 70 Wagen bei der Ankunft in Entenstadt ergibt. Diese 70 Waggons sind aber aus einer Verdoppelung der
Waggonzahl bei der Abfahrt aus Fuchshausen hervorgegangen.
Es waren also demnach genau 70 Wagen : 2 = 35 Wagen zu Beginn des Arbeitstages an der Lokomotive unseres Lokführers gewesen.
In der Abbildung kann man den Verlauf der drei Fahrten sehen.

65. Man bezeichnet die drei Mitglieder des Briefmarkenvereins mit
A, B und C. Nach der letzten Teilung hatte jeder von ihnen die
gleiche Anzahl von den Briefmarken des Vorsitzenden. Da 72
Marken zur Verfügung standen, ergibt sich:

Nach der Teilung der Marken von C besaßen
$A = 24$ Marken $B = 24$ Marken $C = 24$ Marken.

Vor der Teilung der Marken von C besaßen
$A = 12$ Marken $B = 12$ Marken $C = 48$ Marken.

Vor der Teilung der Marken von B besaßen
$A = 6$ Marken $B = 24$ Marken $C = 42$ Marken.

Vor der Teilung der Marken von A besaßen
$A = 12$ Marken $B = 21$ Marken $C = 39$ Marken.

Da jeder der drei Mitglieder vom Vorsitzenden genau so viele
Marken erhalten hatte, wie er bereits besaß, mußten in dem
Album von A: 12 Marken, von B: 21 Marken und von C: 39 Mar-
ken gewesen sein.

66. Als erstes werden alle möglichen Farb-, Verzierungs- und Grö-
ßenkombinationen tabellarisch festgehalten:

Größe	Farbe	Verzierung	Zeile
großes Auto	blau	weiße Streifen	1
großes Auto	blau	gelbe Punkte	2
großes Auto	rot	weiße Streifen	3
großes Auto	rot	gelbe Punkte	4
kleines Auto	blau	weiße Streifen	5
kleines Auto	blau	gelbe Punkte	6
kleines Auto	rot	weiße Streifen	7
kleines Auto	rot	gelbe Punkte	8

Nach den Forderungen gilt:

- Kombination, großes blaues Auto mit weißen Streifen, nicht möglich. (Damit entfällt Zeile 1.)
- Das Auto kann weder die Kombination des Autos vom Vater noch die Kombination des Autos vom Bruder haben. (Damit entfallen Zeile 2 und Zeile 7.)
- Da ein großes Auto unbedingt weiße Streifen und ein kleines Auto unbedingt gelbe Punkte besitzen muß, entfallen Zeile 4 und Zeile 5.
- Nun bleiben noch die Zeilen 3, 6 und 8. Das Auto soll die seltener auftretende Grundfarbe haben. Diese Grundfarbe ist blau. Für ein blaues Auto kommt jedoch nur noch eine Möglichkeit in Frage, nämlich Zeile 6.

Das Auto der Schwester ist dementsprechend ein kleines blaues Auto mit gelben Punkten!

67. Die Entfernung vom Haus des Frosches bis zur Wohnung des Salamanders sei $2a$. Auf die erste Hälfte dieses Weges $(= a)_1$ entfallen $\frac{a}{3}$ Dreifachsprünge, auf die zweite Hälfte $(= a)_2$ entfallen $\frac{a}{2}$ Doppelsprünge. Nach der Aufgabenstellung war die Differenz aus den Doppel- und den Dreifachsprüngen genau 4000 Sprünge.

Daraus folgt die Gleichung:

$$\frac{a}{2} - \frac{a}{3} = 4000 \text{ Sprünge,}$$

$$\frac{a}{6} = 4000 \text{ Sprünge,}$$

$$a = 24000 \text{ Sprünge.}$$

Da die gesamte Entfernung $2a$ betrug, erhält man 48000 Sprünge. Der Frosch legte also 8000 Dreifachsprünge und 12000 Doppelsprünge zurück.

68. Diese Aufgabe scheint auf den ersten Blick »unlösbar« zu sein. Sie ist es aber nicht, obwohl die Lösung des Problems ohne methodisches Vorgehen, nur unter großem Aufwand zu finden ist. Eine allgemeingültige Methode wurde von dem Mathematiker Spraque entwickelt. Die Voraussetzung für das Erkennen der geringsten Anzahl der Wägungen bei einer Höchstzahl von gleichen Körpern (wobei ein Körper im Gewicht verschieden ist) stellt die folgende Summenformel dar, die Spraque aufstellte und auf deren Herleitung hier nicht näher eingegangen werden soll:

$$M_{(w)} = \sum_{i=1}^{i=w-1} 3^{w-i} = 3^{w-1} + 3^{w-2} + 3^{w-3} + \ldots + 3^3 + 3^2 + 3^1$$

$M_{(w)}$ ist in diesem Fall die Höchstzahl der Münzen bei einer bestimmten Anzahl von w (Wägungen). w muß bei Aufgaben dieser Art immer $w \geqq 2$ sein, da mit nur **einer** Wägung eine solche Aufgabe nicht lösbar wäre. Mit Hilfe dieser Gleichung ist es einfach, die Höchstzahl der Münzen für die geringste Anzahl von Wägungen zu berechnen. Man berechnet $M_{(w)}$ für $w = 2$ bis $w = 6$ und hält die Ergebnisse tabellarisch fest.

Tabelle 1:

w	2	3	4	5	6
$M_{(w)}$	3	12	39	120	363

Daraus ist zu sehen, daß nach Spraques Methode das Finden einer in ihrem Gewicht von 11 anderen Münzen verschiedenen Münze, mit nur drei Wägungen durchaus möglich ist.
Wie nun die Lösung der Aufgabe gefunden werden kann, soll am Beispiel »drei Münzen – zwei Wägungen« erläutert werden, da aus diesem Lösungsweg alle weiteren Lösungen für 4, 5, 6 usw. Wägungen abgeleitet werden können.
Als erstes führt man für jede Münze ein Lagesymbol ein. Das ist notwendig, da bekannt sein muß, ob eine Münze während eines Wiegevorgangs in der linken (l) bzw. rechten (r) Waagschale liegt, oder ob sie vom Wiegevorgang ausgeschlossen wurde (o). Für jede der drei Münzen sind dann folgende drei Varianten der Lagesymbole möglich:

Münze A = l oder r oder o,
Münze B = l oder r oder o,
Münze C = l oder r oder o.

Soll jedoch in gleicher Weise gezeigt werden, wo eine Münze während zwei Wägungen gelegen hat, so ergeben sich für jede Münze schon entschieden mehr Möglichkeiten, denn man kann jedes Lagesymbol der ersten Wägung mit jedem Lagesymbol der zweiten Wägung kombinieren. Jede Münze kann dann folgendermaßen in die beiden Wägungen einbezogen werden:

ll, lr, lo, rr, rl, ro, oo, ol, or.

(Hierbei steht das erste Lagesymbol für die erste Wägung und das zweite Lagesymbol für die zweite Wägung.)

Zur Weiterführung der Lösung sind zunächst drei Erkenntnisse festzuhalten:

1. Es ist sofort ersichtlich, daß das Lagesymbol oo nicht zutreffen darf, da dann eine Münze weder in die erste noch in die zweite Wägung einbezogen würde und eine Lösung der gestellten Aufgabe, mit nur zwei an den Wägungen beteiligten Münzen, nicht gefunden werden könnte.

2. Aus der vorangegangenen Erkenntnis folgt außerdem, daß die Lagesymbole ll und rr nicht zusammen verwendet werden dürfen, da sonst wiederum eine Münze aus beiden Wägungen ausgeschlossen würde, also das Lagesymbol oo auftritt, was unbedingt zu vermeiden ist.

3. Bei einem Massevergleich auf einer Tafelwaage müssen in jeder Waagschale gleich viele Münzen liegen. Demnach ist es notwendig, daß die Lagesymbole l und r für jede Münzanordnung während eines Wiegevorgangs gleich oft auftreten.

Die Erkenntnisse 1. bis 3. ermöglichen nun die Aufstellung der Verteilungsmöglichkeiten der drei Münzen bei beiden Wägungen.

Tabelle 2:

	Möglichkeit 1	Möglichkeit 2	Möglichkeit 3	Möglichkeit 4
Münze A	ll	rr	lr	rl
Münze B	ro	lo	ro	lo
Münze C	or	ol	ol	or

Natürlich kann die Reihenfolge der Münzen A, B oder C untereinander vertauscht werden, ohne daß sich die Lagesymbole für die einzelnen Möglichkeiten ändern.

Da nicht bekannt ist, welche der Münzen A, B oder C die falsche ist, und ob die falsche Münze ein größeres oder geringeres Gewicht hat als die echten Münzen, können für jede der Möglichkeiten 1 bis 4 sechs verschiedene Wägeergebnisse in Frage kommen:

Münze A schwerer! Münze A leichter!
Münze B schwerer! Münze B leichter!
Münze C schwerer! Münze C leichter!

Diese Wägeergebnisse werden ebenfalls tabellarisch festgehalten. Zum besseren Verständnis kennzeichnet man das Sinken der linken Waagschale mit einem L, das Sinken der rechten Waagschale mit einem R und das Einspielen beider Waagschalen mit einem O. Hierbei ist wiederum der erste Buchstabe stellvertretend für die erste Wägung und der zweite Buchstabe stellvertretend für die zweite Wägung.

Tabelle 3:

Schluß-folgerung	Wägeergebnis für Möglichkeit 1	Wägeergebnis für Möglichkeit 2	Wägeergebnis für Möglichkeit 3	Wägeergebnis für Möglichkeit 4
(−) A	RR	LL	RL	LR
(+) A	LL	RR	LR	RL
(−) B	LO	RO	LO	RO
(+) B	RO	LO	RO	LO
(−) C	OL	OR	OR	OL
(+) C	OR	OL	OL	OR

(In der Spalte »Schlußfolgerung« kann man ablesen, was das Wägeergebnis für jede Möglichkeit aussagt.
(−) die betreffende Münze ist leichter als die echten,
(+) die betreffende Münze ist schwerer als die echten.)

Bevor wir nun zu unseren 12 Münzen übergehen, können wir noch eine wichtige Erkenntnis treffen. Beachtet man, um die Lösung der Aufgabe nicht zu aufwendig zu gestalten, nur die Möglichkeit 1, so ist zu sehen, daß die Symbole der Wägeergebnisse aus Tabelle 3 mit der Schlußfolgerung (+), den Lagesymbolen der betreffenden Münze in Möglichkeit 1 der Tabelle 2 entsprechen. Die Symbole für die Schlußfolgerung (−) entsprechen dagegen den entgegengesetzten Lagesymbolen der Möglichkeit 1 aus der Tabelle 2.

Die Tabelle 4 verdeutlicht diesen Zusammenhang:
(Wichtig: Wir betrachten weiterhin nur die Möglichkeit 1 aus Tabelle 2)

Tabelle 4

Münze	Lagesymbol aus Tabelle 2	Umgekehrtes Lagesymbol	Wägeergebnis	Schlußfolgerung
A	**ll**	rr	**LL**	A (+)
A	ll	**rr**	**RR**	A (−)
B	**ro**	lo	**RO**	B (+)
B	ro	**lo**	**LO**	B (−)
C	**or**	ol	**OR**	C (+)
C	or	**ol**	**OL**	C (−)

Es sind nun die gesammelten Erkenntnisse schrittweise auf die Problematik »12 Münzen – drei Wägungen« zu übertragen.

Als erstes werden alle möglichen Lagesymbole für drei Wägungen gebildet und zu entgegengesetzten Paaren zusammengestellt. Die Anzahl der verschiedenen Lagesymbole $M_{(LS)}$ ergibt sich aus der Gleichung:

$$M_{(LS)} = 3^3 = 27.$$

Wie diese 27 Lagesymbole aussehen, ist der Tabelle 5 zu entnehmen:

Tabelle 5

rrr	rrl	rro	rlr	rll	rlo	ror	rol	roo	orr	orl	oro	oor	ooo
lll	llr	llo	lrl	lrr	lro	lol	lor	loo	oll	olr	olo	ool	/

Nun läßt sich aus jeder **Spalte** dieser Lagesymbolanordnung ein Lagesymbol für jede Münze verwenden. Dabei müssen jedoch die Lagesymbole l, r und o in den einzelnen Wägungen gleich oft auftreten und das Lagesymbol ooo aus jeder Wägung ausgeschlossen werden (siehe Erkenntnisse 1. bis 3.).

Von den verschiedenen Benutzungsmöglichkeiten der Lagesymbole soll eine in der Tabelle 6 aufgezeigt werden:

Tabelle 6

Münze	A	B	C	D	E	F	G	H	I	J	K	L
Lagesymbol	rlo	lor	olr	loo	olo	ool	oll	rrl	rro	lrl	ror	lrr

Nach dieser Anordnung kann man die Verteilung der einzelnen Münzen während der drei Wägungen in tabellarischer Form darstellen:

Tabelle 7

	Münzen in der linken Waagschale	Münzen in der rechten Waagschale	Von der Wägung ausgeschlossene Münzen
Erste Wägung	B, D, J, L,	A, H, I, K,	C, E, F, G,
Zweite Wägung	A, C, E, G,	H, I, J, L,	B, D, F, K,
Dritte Wägung	F, G, H, J,	B, C, K, L,	A, D, E, I,

Welche Schlußfolgerung aus dem Wägeergebnis zu ziehen ist, zeigt Tabelle 8:

Tabelle 8

Wägeergebnis	Münze	Wägeergebnis	Münze
RLO	A (+)	LRO	A (−)
LOR	B (+)	ROL	B (−)
OLR	C (+)	ORL	C (−)
LOO	D (+)	ROO	D (−)
OLO	E (+)	ORO	E (−)
OOL	F (+)	OOR	F (−)
OLL	G (+)	ORR	G (−)
RRL	H (+)	LLR	H (−)
RRO	I (+)	LLO	I (−)
LRL	J (+)	RLR	J (−)
ROR	K (+)	LOL	K (−)
LRR	L (+)	RLL	L (−)

69. Einen Bruch kann man in der Form:

$$\text{I.} \quad \frac{10a + b}{10b + c}$$

darstellen. Hierbei müssen $1 \leqq a \leqq 9$, $1 \leqq b \leqq 9$ und $1 \leqq c \leqq 9$ sein. Außerdem darf der Fall $a = b = c$ nicht eintreten, da beim Kürzen im entsprechenden Bruch immer das richtige Ergebnis, nämlich 1, erschiene, was nicht dem Sinn der Aufgabenstellung entsprechen würde.

Die anfangs gegebene Gleichung I. läßt sich in zwei gleichwertige Produkte umstellen:

$$\text{II.} \quad \frac{10a + b}{10b + c} = \frac{a}{c}$$

$$9ac = b(10a - c).$$

Da beide Produkte gleichwertig sind und in der linken Hälfte der
Gleichung eine 9 steht, muß die rechte Hälfte diesen Faktor ebenfalls beinhalten. Demnach kann entweder b oder $(10a - c)$ nur
eine 9 sein, und beide Faktoren müssen sich durch 3 teilen lassen.
Wenn b eine durch 3 teilbare Zahl ist, kommt dafür nur 3, 6 oder
9 in Frage.
Für $b = 3$ erhalten wir nach Umstellung der Gleichung II.:

$$c = \frac{10}{\frac{1}{a} + 3}.$$

Eine ganzzahlige Lösung für c, nämlich 3, erhält man nur bei
$a = 3$. Dies würde bedeuten, daß $a = b = c$ wäre, was, wie an-
fangs erläutert, nicht zulässig ist.
Für $b = 6$ entsteht nach Umstellung der Gleichung II.:

$$c = \frac{20}{\frac{2}{a} + 3}.$$

Ganzzahlige Lösungen für c ergeben sich bei $a = 1$, $a = 2$ und
$a = 6$.
Für $a = 1$ gilt: $a = 1$, $b = 6$, $c = 4$.
Für $a = 2$ gilt: $a = 2$, $b = 6$, $c = 5$.
Für $a = 6$ gilt: $a = 6$, $b = 6$, $c = 6$. Diese Möglichkeit entfällt.

Damit sind zwei der möglichen Brüche $\frac{16}{64}$ und $\frac{26}{65}$ gefunden. Für
$b = 9$ erhält man nach der Umstellung der Gleichung II.:

$$c = \frac{10}{\frac{1}{a} + 1}.$$

Ganzzahlige Lösungen für c ergeben sich bei $a = 1$ und $a = 4$.
Für $a = 1$ gilt: $a = 1$, $b = 9$, $c = 5$.
Für $a = 4$ gilt: $a = 4$, $b = 9$, $c = 8$.

Damit bekommt man die letzten beiden möglichen Brüche: $\frac{19}{95}$
und $\frac{49}{98}$. Für $(10a - c) : 9 =$ natürliche Zahl gibt es keine sinnvolle
Lösung. Sollte aus dieser Division eine natürliche Zahl als Lösung
erscheinen, so müßte $(10a - c)$ 9 oder ein Vielfaches von 9, also
18, 27, 36, ..., 81 sein. Dies ist aber nur bei $a = c$ der Fall, und aus
dieser Beziehung würde nach der Gleichung I. $a = b = c$ folgen,
was, wie gesagt, nicht der Aufgabenstellung gerecht wird.

70. Aus der Abbildung zur Aufgabe ist ersichtlich, daß der Reiter +
Pferd so schwer sind wie ein Heuwagen. Wenn nun zwei Heuwagen so schwer wie 12 Weinfässer sind, so muß das Pferd mit Reiter

die Hälfte, nämlich 6 Weinfässer, wiegen (Punkt 1). Außerdem ist bekannt, daß vier Weinfässer plus Reiter das gleiche Gewicht haben wie das Pferd (s. Abbildung). Es können demnach aus der linken Waagschale zwei Fässer entnommen und der Reiter aus der rechten in die linke Waagschale gesetzt werden, worauf sich die Waage im Gleichgewicht befindet. Die beiden entnommenen Weinfässer machen ein Gewicht von genau $2x$ aus. Das heißt, daß man auf die Waagschalen der Wägung (vier Fässer + Reiter = Pferd) je ein Weinfaß stellen kann, ohne die Gleichgewichtslage der Waage zu verändern (Punkt 2). Es gilt demnach bei dieser Wägung: 5 Weinfässer + Reiter = 1 Weinfaß + Pferd.

Vergleicht man nun noch Punkt 1 mit Punkt 2, so ist festzustellen, daß der Reiter des Pferdes mit einem Weinfaß vertauscht werden kann, ohne die Gleichgewichtslage der Tafelwaage zu verändern. Dementsprechend hat der Reiter das gleiche Gewicht wie ein Weinfaß, da ein Tausch zwischen den beiden sonst die Gleichgewichtslage verändern würde. Nach diesen Erkenntnissen kann das Gewicht des Pferdes mit 4 Fässern + Reiter (der Reiter entspricht einem Faß) = 5 Weinfässern angegeben werden. Wenn nun der Reiter ein Faß schwer ist und das Pferd ein Gewicht von fünf Fässern besitzt, muß das Pferd fünfmal so schwer sein wie der Reiter, oder der Reiter hat $\frac{1}{5}$ des Pferdegewichts.

71. Man versucht zunächst, den Weg der älteren Frau zu rekonstruieren. Als erstes wird eine beliebige Gerade gezeichnet und der Endpunkt D (Dorf) angetragen. Nun geht man eine bestimmte Strecke (z. B. 1 cm) in Richtung des Ausgangspunktes (d. h. des Punkts, an dem beide Frauen ihre Rückreise in das Dorf antraten) zurück und trägt dort den Standpunkt der alten Frau, $S_{\text{(Alte Frau)}}$, ein. In der Aufgabenstellung findet sich die Angabe: »... daß der älteren Frau noch das Dreifache der jetzt vor ihr liegenden Strecke geblieben wäre, ...«. Die »bestimmte« Strecke, durch den Punkt S und den Punkt D begrenzt, ist also $\frac{1}{3}$ dieses in der Aufgabenstellung geforderten Dreifachen. Man trägt demnach das Doppelte der Strecke $\overline{SD}$ am Punkt S in Richtung des Ausgangspunktes an und erhält damit das geforderte Dreifache und den Punkt K. In der Aufgabenstellung findet sich weiterhin der Satz: »... wenn sie nur die Hälfte der bisherigen Strecke zurückgelegt hätte.« Die Strecke vom Ausgangspunkt bis zum Punkt K ist also die Hälfte der Strecke vom Ausgangspunkt bis zum Punkt S. Die Strecke $\overline{KS}$ muß demnach die gleiche Länge haben wie die Strecke vom Ausgangspunkt bis zum Punkt K. Man kann also die Strecke

$\overline{KS}$, die dem Doppelten der Strecke $\overline{SD}$ entspricht, vom Punkt K aus in Richtung Ausgangspunkt abtragen und erhält den Ausgangspunkt A.

Die Strecke $\overline{AD}$ ist dann das Fünffache der Strecke $\overline{SD}$, woraus zu schließen ist, daß die ältere Frau zum Zeitpunkt der Aufgabenstellung $\frac{4}{5}$ der Entfernung zwischen Stadt und Dorf zurückgelegt hatte (siehe erste Abbildung).

Dieses Verfahren läßt sich auch bei dem Weg der jüngeren Frau anwenden, nur empfiehlt es sich hier am Ausgangspunkt zu beginnen. In der zweiten Abbildung kann man sehen, daß die jüngere Frau zum Zeitpunkt der Aufgabenstellung $\frac{1}{5}$ der Strecke Stadt – Dorf zurückgelegt hatte.

Wenn nun davon ausgegangen wird, daß ein Autobus schneller fährt als ein Fahrrad, so muß die jüngere Frau mit dem Fahrrad und die ältere Frau mit dem Bus ins Dorf zurückgefahren sein.

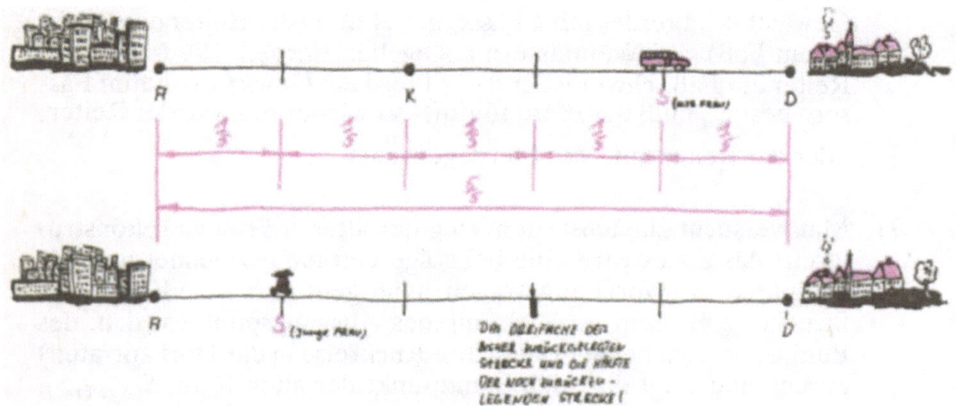

72. Die gestellte Aufgabe ist im Grunde recht einfach, wenn man den Ansatz, der zur Lösung führt, erkannt hat. Zur Berechnung des Verlustes und damit dem Wert der Sirupflasche werden mehrere Zahlenwerte benötigt, welche man nur durch Kenntnis über die Höhe des Kleingeldes berechnen kann. Es muß deshalb zuerst festgestellt werden, wieviel Wechselgeld die beiden Brüder bekommen haben. Da jedoch die Anzahl der Teile des gesamten Silberbesteckes nicht bekannt ist und man davon ausgeht, daß die Aufgabe sinnvoll ist, muß eine allgemein gültige Formulierung zur Berechnung vollkommen ausreichen. Die Anzahl der Teile des Besteckes ist unbedingt eine natürliche Zahl. Eine solche natürliche Zahl ist allgemeingültig folgendermaßen darstellbar:

$10 \cdot x + y = $ jede beliebige natürliche Zahl.

In der Aufgabenstellung heißt es: »Die beiden Brüder vereinten ihre gleich großen Besteckhälften.« Dadurch muß die Anzahl der Teile des Besteckes und damit die natürliche Zahl gerade sein. Dementsprechend kommen für die allgemeingültige Form folgende Möglichkeiten in Betracht:

$$10 \cdot x + 0$$
$$10 \cdot x + 2$$
$$10 \cdot x + 4$$
$$10 \cdot x + 6$$
$$10 \cdot x + 8$$

Der Antiquitätenhändler bezahlte für jedes Teil genau so viele Markstücke, wie das gesamte Besteck Teile hatte. Der Kaufpreis für das Besteck betrug also die Anzahl der Teile[2]. Man berechnet nun die Höhe des Preises für alle vorhergenannten Möglichkeiten (Binomische Formeln).

$$\text{a)} \quad (10\,x + 0)^2 = 100\,x^2$$
$$\text{b)} \quad (10\,x + 2)^2 = 100\,x^2 + 40\,x + 4$$
$$\text{c)} \quad (10\,x + 4)^2 = 100\,x^2 + 80\,x + 10 + 6$$
$$\text{d)} \quad (10\,x + 6)^2 = 100\,x^2 + 120\,x + 30 + 6$$
$$\text{e)} \quad (10\,x + 8)^2 = 100\,x^2 + 160\,x + 60 + 4$$

Jetzt ist festzustellen, welches Ergebnis sich durch zwei teilen läßt und dabei einen Rest von 10 und dem Wechselgeld (z) besitzt.
Die Möglichkeit a) fällt weg, da überhaupt kein Rest vorhanden wäre. Die Möglichkeiten b) und e) würden die Forderung ebenfalls nicht erfüllen, weil bei einer Teilung durch zwei nur die Ziffern 4 und 4, aber keine zusätzliche notwendige 10, als Rest bliebe.
Die Lösung bringen die Möglichkeiten c) und b). Beide Male erhält man, bei einer Division durch zwei, den Rest 10 + 6. Daraus folgt, daß außer dem Zehnmarkschein ein Rest von 6 Mark verblieben war, der nicht aufgeteilt werden konnte. Jeder der Brüder hätte also von diesem Rest 8 Mark erhalten müssen. Daraus ergibt sich für die 10 Hühnereier ein Wert von genau 2 Mark – für jedes Ei 20 Pfennige –.
Wenn das geschlüpfte Küken nun 2,50 Mark gebracht hätte, so war der Verlust des Bruders 2,50 M − 0,20 M, denn den Wert für das Ei, aus dem das Küken geschlüpft war, konnte derjenige, welcher das Wechselgeld und die Hühnereier bekommen hatte, einbehalten. Das bedeutet, die Flasche mit dem Sirup hatte einen Wert von 2,30 Mark.

73. Als erstes sind die Forderungen der verschiedenen Händler tabellarisch festzuhalten

2 Hühner	– 30 Pfund Gerste
60 Pfund Gerste	– 5 Kürbisse
1 Kürbis	– 7 Pfund Äpfel
3 Pfund Äpfel	– 2 Pfund Kirschen
11 Pfund Kirschen	– 15 Pfund Pflaumen (= 285 Stück)

Wie zu erfahren war, möchte der Bauer drei Hühner eintauschen. Das heißt, daß zuerst errechnet werden muß, wieviel Pfund Gerste für drei Hühner gefordert werden. Dazu benutzt man eine einfache Verhältnis- oder auch Proportionsgleichung, die folgendermaßen aussieht:

2 (Hühner) : 3 (Hühner) = 30 (Pfund Gerste) : x (Pfund Gerste) oder

2 (Hühner) : 30 (Pfund Gerste) = 3 (Hühner) : x (Pfund Gerste).

Das Ergebnis lautet: $\frac{3 \cdot 30}{2} = 45$ (Pfund Gerste).

Der Bauer muß also für die drei Hühner 45 Pfund Gerste geben. Als nächstes ist es erforderlich, die Anzahl der Kürbisse zu berechnen, für die der Bauer 45 Pfund Gerste erhalten hat. Dieses erfolgt nach dem Schema der ersten Rechnung und ergibt folgende Gleichung:

60 (Pfund Gerste) : 5 (Kürbisse) = 45 (Pfund Gerste) : x (Kürbisse).

Das Ergebnis lautet: $\frac{5 \cdot 45}{60} = 3{,}75$ (Kürbisse).

Diese Rechnungen führt man nun in der Reihenfolge, die die Tabelle angibt, bis zu den Pflaumen fort.

Anzahl der Pfund Äpfel für 3,75 Kürbisse:

1 (Kürbis) : 7 (Pfund Äpfel) = 3,75 (Kürbisse) : x (Pfund Äpfel).

Das Ergebnis lautet: $\frac{7 \cdot 3{,}75}{1} = 26{,}25$ (Pfund Äpfel).

Anzahl der Pfund Kirschen für 26,25 Pfund Äpfel:

3 (Pfund Äpfel) : 2 (Pfund Kirschen) =
26,25 (Pfund Äpfel) : x (Pfund Kirschen).

Das Ergebnis lautet: $\frac{2 \cdot 26{,}25}{3} = 17{,}5$ (Pfund Kirschen).

Anzahl der Pfund Pflaumen für 17,5 Pfund Kirschen:

11 (Pfund Kirschen) : 15 (Pfund Pflaumen) =
17,5 (Pfund Kirschen) : x (Pfund Pflaumen)

Das Ergebnis lautet: $\frac{15 \cdot 17{,}5}{11} = 23{,}86$ (Pfund Pflaumen).

23,86 Pfund Pflaumen, was einer Anzahl von 453 Pflaumen entspricht, mußte der Bauer für die drei Hühner geben.

142

74. Es ist bekannt, daß die Maus eine $\frac{23}{23}$ Zeiteinheit (wobei $\frac{1}{23}$ dieser Zeiteinheit 1 Stunde entspricht) zum Fressen einer ganzen Melone benötigt. Die Ratte bräuchte $\frac{12}{12}$ Zeiteinheiten (hier entspricht $\frac{1}{12}$ einer Stunde) und der Hamster $\frac{8}{8}$ Zeiteinheiten ($\frac{1}{8}$ der Hamsterzeit = 1 Stunde). Man muß nun einen gemeinsamen Stundenanteil dieser drei Zeiteinheiten finden, da die Melone von allen drei Tieren gemeinsam gefressen wurde. Dieses Problem kann durch folgende Gleichung mathematisch dargestellt werden:

$$\frac{x}{8} + \frac{x}{12} + \frac{x}{23} = 1 \quad \text{(Die 1 entspricht einer Melone.)}$$

Man berechnet nun den Wert für x:

$$\frac{x}{23} + \frac{x}{12} + \frac{x}{8} = 1$$

$$\frac{23x}{276} + \frac{12x}{276} + \frac{34,5x}{276} = 1$$

$$\frac{69,5x}{276} = 1$$

$$69,5x = 276$$

$$x = \frac{276}{69,5}$$

$$x = 3,971\,223$$

Da der Wert für x mit der, für das Auffressen der Melone benötigten Zeit identisch ist, bleibt nur noch eine Umrechnung der Dezimalzahl 3,971 223 in Stunden und Minuten:

$$1 : 3600 = 3,971\,223 : y$$

$$y = \frac{3,971\,223 \cdot 3600}{1}$$

$$y = 14\,296,403 \quad \text{(Sekunden)}$$

Der Wert für y gibt die genaue Zeit in Sekunden an. Mit Hilfe der vollen Sekundenzahl lassen sich nun die Stunden und Minuten berechnen:

14 296 Sekunden = 3 Stunden, 58 Minuten und 16 Sekunden.
Diese Zeit benötigten die drei Tiere zum Fressen der Melone.

75. Die beiden gleich großen Kisten müssen die Gestalt von Würfeln haben, da die Anordnung der Kugeln, wie sie in der Aufgabenstellung beschrieben wurde, sonst nicht möglich wäre.
Es ist außerdem bekannt, daß in der Kiste mit den kleinen Kugeln je 9 in einer Reihe lagen und in der Kiste mit den großen Kugeln

je 3. Damit muß eine große Kugel den gleichen Radius haben wie 3 kleine Kugeln. Den Radius der kleinen Kugeln bezeichnet man deshalb mit $r_{(klein)}$ und den Radius der großen Kugeln mit $3r_{(klein)}$. Nun wird das Volumen der 729 kleinen und der 27 großen Kugeln berechnet. Die Formel für das Volumen einer Kugel ist:

$$V = \frac{3}{4} \cdot \pi \cdot r^3.$$

Man erhält dann für das Volumen der 729 kleinen Kugeln:

$$V_{(klein)} = \frac{3}{4} \cdot \pi \cdot r^3_{(klein)} \cdot 729$$

und für das Volumen der 27 großen Kugeln:

$$V_{(groß)} = \frac{3}{4} \cdot \pi \cdot \left(3r_{(klein)}\right)^3 \cdot 27$$

$$V_{(groß)} = \frac{3}{4} \cdot \pi \cdot 27r^3_{(klein)} \cdot 27$$

$$V_{(groß)} = \frac{3}{4} \cdot \pi \cdot r^3_{(klein)} \cdot 729$$

Aus den Gleichungen für $V_{(klein)}$ und $V_{(groß)}$ ergibt sich:

$$V_{(klein)} = \left(\frac{3}{4} \cdot \pi \cdot r^3_{(klein)} \cdot 729\right) =$$

$$V_{(groß)} = \left(\frac{3}{4} \cdot \pi \cdot \left(3r_{(klein)}\right)^3 \cdot 27\right)$$

Wenn also die 729 kleinen Kugeln das gleiche Volumen haben wie die 27 großen Kugeln und alle Kugeln aus dem selben Material geschaffen wurden, so muß auch das Gewicht der kleinen gleich dem der großen Kugeln sein. Demnach waren zur Zeit des Transportes der Kugeln zum Sportklub die beiden Kisten gleich schwer.

76. Zur besseren Übersicht bezeichnet man als erstes den Dividenden der Aufgabe mit k, den Divisor mit l und den Quotienten mit m. Außerdem werden, wie unten angegeben, die Dezimalzahlen in jeder Zeile mit a_1 bis a_7 gekennzeichnet.

$$\overbrace{\text{x x x x x x x}}^{k} : \overbrace{\text{x x}}^{l} = \overbrace{\text{x x 8 x x x}}^{m}$$

$$
\begin{array}{ll}
a_1 = & \text{x x x} \\
a_2 = & \text{x x 8} \\
a_3 = & \text{x x} \\
a_4 = & \text{x x} \\
a_5 = & \text{x x} \\
a_6 = & \text{x 8 x} \\
a_7 = & \text{x x}
\end{array}
$$

Aus der Zeile a_2 und a_6 folgt, daß die zweite und fünfte Stelle von m eine 0 sein muß. Man erhält nun für $m = $ x 0 8 x 0 x.

Außerdem muß die fünfte und siebente Stelle von k eine 8 sein. Es gilt: $k = $ x x x x 8 x 8 x.

Die Multiplikation der dritten Stelle von m (es ist eine 8) mit dem zweistelligen Divisor l ergibt die Dezimalzahl in Zeile a_3, also eine zweistellige Zahl. Die Multiplikation der ersten Stelle von m mit dem Divisor l ergibt die Dezimalzahl in Zeile a_1, eine dreistellige Zahl. Die erste Stelle in m muß demnach eine größere Ziffer sein als die dritte Stelle in m. Da die dritte Stelle eine 8 ist und für die Variablen x nur die Ziffern 0 bis 9 für jede Stelle zur Verfügung stehen, bleibt für die erste Stelle in m nur die Ziffer 9.

Weiterhin muß nun der zweistellige Divisor l eine Zahl sein, die mit 8 multipliziert eine zweistellige Zahl (a_3) und mit 9 multipliziert eine dreistellige Zahl (a_1) ergibt. Diese Forderung erfüllt nur die Zahl 12:

$$12 \cdot 8 = 96$$
$$12 \cdot 9 = 108$$

Als nächstes hält man nun alle bisher bekannten Ziffern in der Rechnung fest:

```
          x x x x 8 x 8 x : 1 2 = 9 0 8 x 0 x
a₁ =      1 0 8
a₂ =          x x 8
a₃ =            9 6
a₄ =            x x
a₅ =            x x
a₆ =              x 8 x
a₇ =                x x
```

Es ist zu sehen, daß die Differenz aus der Dezimalzahl in Zeile a_2 und der Dezimalzahl in Zeile a_3 eine Ziffer sein muß. Damit könnte die Zahl in Zeile a_2 höchstens 105 (Die Differenz wäre dann 9.) oder mindestens 096 (Die Differenz wäre dann 0.) sein. Aber die letzte Ziffer dieser Dezimalzahl ist in Zeile a_2 gegeben, eine 8, woraus sich schlußfolgern läßt, daß die Zahl nur 098 sein kann. Damit ist die Differenz aus a_2 und $a_3 = 2$ und die Differenz aus den ersten drei Stellen von k und $a_1 = 0$. Es gilt: $k = $ 1 0 8 x 8 x 8 x.

Die Differenz aus a_6 und a_7 soll der Aufgabenstellung nach 0 sein. a_6 ist jedoch eine dreistellige Zahl und a_7 eine zweistellige. Die Differenz aus einer zweistelligen und einer dreistelligen Zahl kann niemals 0 sein, es sei denn, daß die erste Stelle von a_6 ebenfalls eine 0 ist. Dann muß $a_6 = $ 0 8 x und $a_7 = $ 8 x sein.

Da die Differenz zwischen a_6 und a_7 0 ist, ergibt sich für a_7 ein Vielfaches von 12. Demnach ist $a_6 = 0\,8\,4$ und $a_7 = 8\,4$.

Für die letzte Stelle in m ersieht man aus diesen Zeilen die Ziffer 4.

Nun bleibt noch zu klären, welche Zahlen in den Zeilen a_4 und a_5 stehen. Die Differenz aus der Zeile a_2 und der Zeile a_3 ist 2, und die Differenz aus den Zeilen a_4 und a_5 soll 0 sein. Man muß also die vierte Stelle von m mit 12 multiplizieren und eine zweistellige Zahl als Produkt erhalten, deren Zehnerstelle eine 2 ist. Die vierte Stelle von m kann deshalb nur eine 2 sein, und die beiden Dezimalzahlen in den Zeilen a_4 und a_5 sind: $a_4 = 24$ und $a_5 = 24$.

Die vollständig rekonstruierte Rechnung lautet jetzt:

$$
\begin{array}{l}
10\,898\,484 : 12 = 908\,207 \\
\underline{108} \\
098 \\
\underline{96} \\
24 \\
\underline{24} \\
084 \\
\underline{84}
\end{array}
$$

77. Für die Aufgabe gibt es insgesamt acht zutreffende Lösungen. Bei der Rekonstruktion der Aufgabe beginnt man am sinnvollsten mit der Einerstelle, also mit R.

Für R = 1 wäre N = 2. Da E + E = R sein soll, käme für E nur 0,5 in Frage, was nicht zulässig ist. (R = 1 entfällt.)

Für R = 2 wäre N = 4 und E = 1 oder E = 6. Der Übertrag aus einer Summe mit zwei Summanden kann höchstens 1 sein (9 + 9 = 1). Die erste Stelle der Summe (ELTERN) ist ein E. Darüber steht ein M. Demnach muß ein Übertrag aus der vorhergehenden Addition (V + U = 10 + L) stattgefunden haben.

Das heißt, daß M + 1 = E ist. E muß deshalb von 1 verschieden sein. Es bleibt noch: R = 2, N = 4 und E = 6. Beim Einsetzen dieser Ziffern erhält man für E + E = R → 6 + 6 = 12. Es findet demnach ein Übertrag von 1 auf die Addition T + T = E statt. Damit wäre T = 2,5 oder T = 7,5 und das ist nicht zulässig, da alle Buchstaben natürliche Zahlen darstellen. (R = 2 entfällt.)

Für R = 3 wäre N = 6 und E = 1,5 oder 6,5. Das ist nicht zulässig. (R = 3 entfällt.)

Für R = 4 wäre N = 8 und E = 2 oder E = 7. Bei E = 2 muß M = 1 und T = 6 sein (T + T = E – Da M = 1 ist, kann T nur 6 sein – 6 + 6 = 12). A + T = T. A kann demnach nur 0, falls ein Übertrag aus der vorangegangenen Addition (T + T = E) stattfindet, nur eine 9 sein, da bei jeder anderen Ziffer für A in der Summe kein T stehen würde. Für T = 6 findet ein Übertrag auf A + T = T statt. Daraus folgt: A = 9. Für V, L und U können nur noch die Ziffern 3, 5, 7 und 0 eingesetzt werden, da für die Buchstaben nur die Ziffern 0 bis 9 zur Verfügung stehen und alle anderen Ziffern, außer den angegebenen, bereits verwendet worden sind. Mit Übertrag aus A + T = T gilt: V + U + 1 = 10 + L. Für V = 5 wäre U = 7 und L = 3. Für V = 7 und U = 5 ist L ebenfalls = 3. (Es gibt außerdem keine sinnvolle Lösung bei V = 0 oder L = 0 oder U = 0.) Es gibt dementsprechend zwei Lösungen für R = 4 und E = 2 (Lösungen a und b stehen am Ende dieser Erläuterung.).

Für R = 4, N = 8 und E = 7 muß M = 6 sein. 1 + T + T wäre = 7 oder 17. T muß deshalb = 3 oder = 8 sein. T = 8 ist ein Widerspruch zu N = 8 (entfällt). Bei T = 3 ist A = 0. Demnach gilt: V + U > 10 und für V, U und L kann man noch 1, 2, 5 und 9 einsetzen. Bei V + U = 11 ist V = 2 und U = 9 oder V = 9 und U = 2. Das sind wieder zwei Lösungen (c und d). Sie stehen am Ende der Erläuterung.

Für R = 5 ist N = 0 und E = 2 oder 7. Wenn E = 2 ist, muß M = 1 sein. T + T = E. Daraus folgt: T = 1 oder 6. T = 1 und M = 1 ist ein Widerspruch (entfällt). T = 6 bedeutet A = 9. Für V, U und L sind noch 3, 4, 7 und 8 einsetzbar. Da A = 9 ist, gilt: 1 + V + U = 10 + L und L < U und V. Bei L = 3 wäre V = 4 und U = 8 oder V = 8 und U = 4. Damit sind die nächsten beiden Lösungen (e und f) gefunden. Sie stehen am Ende der Erläuterung.

Für R = 5, N = 0, E = 7 ist M = 6. Es gilt weiterhin: 1 + T + T = E. Damit ist T = 3 oder 8. Für T = 3 wäre A = 0. Das ist ein Widerspruch, da N bereits die 0 darstellt (entfällt). Für T = 8 gilt A = 9. Es bleiben für V, U und L die Ziffern 1, 2, 3 und 4. Da 1 + V + U = 10 + L (1 + V + U > 10) sein soll, gibt es für T = 8 keine Lösung, denn selbst bei Annahme der größten Ziffern für V und U (= 3 und 4) wäre 1 + 3 + 4 < 10. (Damit entfällt R = 5 und E = 7.)

Für R = 6 ist N = 2. Außerdem gilt: 1 + E + E = R. E wäre demnach 2,5 oder 7,5. Das ist jedoch nicht zulässig. (R = 6 entfällt.)

Für R = 7, ist N = 4 und E = 3 oder 8. Bei E = 3 wäre 2T eine ungerade Zahl. Das ist, bei Einsatz natürlicher Zahlen für die Buchstaben, jedoch nicht möglich. (E = 3 entfällt.) Für E = 8 gilt M = 7. Damit wäre R = M, was ein Widerspruch zur Aufgabenstellung ist (entfällt). R = 7 bringt demnach keine sinnvolle Lösung (entfällt).

Für R = 8 ist N = 6 und E = 3,5 oder 8,5. Das ist nicht zulässig (entfällt).

Für R = 9 muß N = 8 und E = 4 oder 9 sein. E = 9 entfällt, da R bereits 9 ist. Bei E = 4 ist M = 3 und T = 2 (2T = E). Außerdem ist T = 7 nicht möglich, da dann A = 9 = R wäre (Widerspruch). A muß deshalb 0 sein. Es gilt dann: V + U = 10 + L und für V, U und L kann man die Ziffern 1, 5, 6 und 7 einsetzen. Wenn U + V = 11 ist, kann U = 5 und V = 6 oder U = 6 und V = 5 sein. Das sind die letzten beiden Lösungen (g und h).

Die acht Lösungen der Aufgabe 77 lauten:

	a)		b)	
	59624			79624
	+ 176624			+ 156624
	236248			236248

	c)		d)	
	20374			90374
	+ 693374			+ 623374
	713748			713748

	e)		f)	
	49625			89625
	+ 186625			+ 146625
	236250			236250

	g)		h)	
	50249			60249
	+ 362249			+ 352249
	412498			412498

78. Die Lösung der Aufgabe 78 erfolgt analog zur Lösung der Aufgabe 76! Man benennt den Dividenden mit a, den Divisor mit b und den Quotienten mit c. Die Dezimalzahlen in den verschiedenen Zeilen seien n_1 bis n_9.

$$\overbrace{\text{x x x x x x x x x}}^{a} : \overbrace{\text{x x x}}^{b} = \overbrace{\text{x x x}}^{c}\,8\,\text{x x}$$

$$
\begin{array}{rl}
n_1 = & \underline{\text{x x x x}} \\
n_2 = & \text{x x x x} \\
n_3 = & \underline{\text{x x x x}} \\
n_4 = & \text{x x x} \\
n_5 = & \underline{\text{x x x}} \\
n_6 = & \text{x x x} \\
n_7 = & \underline{\text{x x 0}} \\
n_8 = & \text{x x x x} \\
n_9 = & \underline{\text{x x x x}}
\end{array}
$$

Die vierte Stelle von c ist eine 8. Die Multiplikation dieser 8 mit b ergibt n_5 = dreistellige Zahl. Die Multiplikation der ersten Stelle von c mit b ergibt n_1 = vierstellige Zahl. Demnach muß die erste

148

Stelle in c größer als die vierte Stelle ($= 8$) sein, und da für jede Stelle der Aufgabe nur die Ziffern 0 bis 9 zur Verfügung stehen, ist die erste (das gleiche gilt auch für die dritte und sechste) Stelle in c eine 9. Weiterhin muß b eine Zahl sein, die mit 8 ein dreistelliges und mit 9 ein vierstelliges Produkt bildet. Damit kann b nur 112 sein, denn:

$$8 \cdot 112 = 896$$
$$9 \cdot 112 = 1008.$$

Es gilt: $b = 1\,1\,2$ und $c = 9\,0\,9\,8\,x\,9$.

Da das Produkt aus b und c, also a, durch die Variable x in c nur bis 10^4 beeinflußt wird, können die ersten vier Stellen von a mit

$$1\,1\,2 \cdot 9\,0\,9\,8\,x\,9 = \underline{1\,0\,1\,9}\,x\,x\,x\,x\,8$$

angegeben werden.
Die Rechnung lautet dann:

$$1\,0\,1\,9\,x\,x\,x\,x\,8 : 1\,1\,2 = 9\,0\,9\,8\,x\,9$$

$$
\begin{array}{ll}
n_1 = & \underline{1\,0\,0\,8} \\
n_2 = & 1\,1\,x\,x \\
n_3 = & \underline{1\,0\,0\,8} \\
n_4 = & x\,x\,x \\
n_5 = & \underline{8\,9\,6} \\
n_6 = & x\,x\,x \\
n_7 = & \underline{x\,x\,0} \\
n_8 = & 1\,0\,0\,8 \\
n_9 = & \underline{1\,0\,0\,8}
\end{array}
$$

Die letzte Stelle in n_7 ist eine 0. Das ist nur möglich, wenn die fünfte Stelle von c eine 0 oder eine 5 ist. Es gilt demnach:

$$c = 909\,809 \text{ oder } c = 909\,859.$$

Für $c = 909\,809$ wäre $a = 101\,898\,608$, was der Voraussetzung »Die ersten vier Stellen von a sind 1019!« widersprechen würde. Es kommt also nur $c = 909\,859$ in Frage und damit ist $n_7 = 560$. Der Rest der Rechnung läßt sich nun ganz einfach rekonstruieren:

$$
\begin{array}{l}
101\,904\,208 : 112 = 909\,859 \\
\underline{1008} \\
1104 \\
\underline{1008} \\
962 \\
\underline{896} \\
660 \\
\underline{560} \\
1008 \\
1008
\end{array}
$$

79. Die Aufgabe muß lauten:

$$
\begin{array}{r}
\text{GAUSS} \\
+\ \text{RIESE} \\
\hline
\text{EUKLID}
\end{array}
$$

Als erstes wurde festgestellt, daß in der Aufgabe zehn verschiedene Buchstaben auftreten. Wenn man nun für jeden Buchstaben eine Ziffer einsetzen soll, müssen alle Ziffern von 0 bis 9 verwendet werden.

$E = 1$ ist sofort ersichtlich. $S = 0$ scheidet aus, da sonst $E = D$ wäre. Bei $S = 9$ würde man für I ebenfalls 9 erhalten, und $S = 1$ bedingt $E = S$ (Widerspruch). S kann demnach nur 2, 3, 4, 5, 6, 7 oder 8 sein. Nun sind für die Buchstaben U und A systematisch zwei Ziffern einzusetzen, und jede Möglichkeit von $S = 2$ bis $S = 8$ ist zu prüfen. Dabei fällt auf, daß A und U nur für $S = 8$ eine mögliche Lösung geben.

Wenn $S = 8$ ist, muß $D = 9$ und $I = 6$ sein. Da $U + 2 = L$ ist, kommen für U die Ziffern 0, 2, 3 oder 5 und für L die Ziffern 2, 4, 5 und 7 in Frage. Es gibt jedoch nur für $U = 0$ und $L = 2$ eine mögliche Lösung für A und K, nämlich $A = 7$ und $K = 3$.

Für die Buchstaben G und R bleiben jetzt nur noch die Ziffern 4 und 5 übrig, die wir aber vertauscht einsetzen können. Man erhält dadurch zwei Lösungen für die Aufgabe 79:

$$
\begin{array}{r}
57088 \\
+\ 46181 \\
\hline
103269
\end{array}
\qquad \text{und} \qquad
\begin{array}{r}
47088 \\
+\ 56181 \\
\hline
103269
\end{array}
$$

80. $S = 1$ ist sofort zu erkennen. Danach muß $T = 2$ und $H = 6$ sein. Für A bleibt nur die 0, und aus $U + U = D$ folgt: $U = 4$ und $D = 8$. Die Aufgabe 80 hat also nur diese eine Lösung:

$$
\begin{array}{r}
6041 \\
+\ 6041 \\
\hline
12082
\end{array}
$$

81. Die Lösungen für die Aufgabe 81 sind analog der Lösungen der Aufgaben 77, 79 und 80 zu finden. Weitere Erläuterungen wären nach einer solchen Vielzahl von Lösungen überflüssig, da der Weg zum Ergebnis bei diesen Aufgaben immer ähnlich verläuft.

Die Lösungen der Aufgabe 81 lauten:

$$
\begin{array}{r}
\text{HAUS} \\
\text{HAUS} \\
+\ \text{HAUS} \\
\hline
\text{STADT}
\end{array}
\qquad
\begin{array}{r}
4521 \\
4521 \\
+\ 4521 \\
\hline
13563
\end{array}
\qquad
\begin{array}{r}
8972 \\
8972 \\
+\ 8972 \\
\hline
26916
\end{array}
$$

HAUS	3651	3671	7012	8013
HAUS	3651	3671	7012	8013
HAUS	3651	3671	7012	8013
+ HAUS	+ 3651	+ 3671	+ 7012	+ 8013
STADT	14604	14684	28048	32052

HAUS	7013
HAUS	7013
HAUS	7013
HAUS	7013
+ HAUS	+ 7013
STADT	35065

HAUS	2791	6403	8415
HAUS	2791	6403	8415
HAUS	2791	6403	8415
HAUS	2791	6403	8415
HAUS	2791	6403	8415
+ HAUS	+ 2791	+ 6403	+ 8415
STADT	16746	38418	50490

HAUS	3512	4503
HAUS	3512	4503
HAUS	3512	4503
HAUS	3512	4503
HAUS	3512	4503
HAUS	3512	4503
+ HAUS	+ 3512	+ 4503
STADT	24584	31521

Für 8 · HAUS gibt es keine sinnvolle Lösung!

HAUS	4123	7126	8127
HAUS	4123	7126	8127
HAUS	4123	7126	8127
HAUS	4123	7126	8127
HAUS	4123	7126	8127
HAUS	4123	7126	8127
HAUS	4123	7126	8127
HAUS	4123	7126	8127
+ HAUS	+ 4123	+ 7126	+ 8127
STADT	37107	64134	73143

Für 10 · HAUS gibt es keine sinnvolle Lösung, da dabei S = H, T = A, A = U und D = S wäre.

82. a) Die beiden Faktoren seien F_1 und F_2. Die erste bis vierte Zeile wird mit P_1 bis P_4 bezeichnet. Danach gilt:

$$
\begin{array}{r}
\overset{F_1}{\overbrace{\text{x x x}}} \cdot \overset{F_2}{\overbrace{\text{x x x}}} \\
\hline
P_1 = \quad \text{x x x} \\
P_2 = \quad 4\;8\;9\;0 \\
P_3 = \quad\quad \text{x x x} \\
\hline
P_4 = \text{x x x x x x}
\end{array}
$$

Die erste Stelle in P_4 muß eine 1 sein, da die erste Stelle in P_1 höchstens eine 9 ist und der Übertrag aus der Addition der vorhergehenden Stellen maximal 1 sein kann: $1 + 9 + 4 = 14$!

Es ist bekannt, daß $P_2 = 4890$. Dieser Wert ergibt sich aus der Multiplikation von F_1 mit der zweiten Stelle von F_2. Beim Zerlegen von P_2 in seine Primfaktoren erhält man:

$2 \cdot 3 \cdot 5 \cdot 163 = 4890$. Für die zweite Stelle von F_2 kommen nur die Faktoren 2, 3, 5 oder 6, $3 \cdot 2$, in Frage, weil 163 dreistellig ist. Es gilt:

Wenn die zweite Stelle von $F_2 = 2$ ist, muß $F_1 = 3 \cdot 5 \cdot 163 = 2445$,
wenn die zweite Stelle von $F_2 = 3$ ist, muß $F_1 = 2 \cdot 5 \cdot 163 = 1630$,
wenn die zweite Stelle von $F_2 = 5$ ist, muß $F_1 = 2 \cdot 3 \cdot 163 = 978$,
wenn die zweite Stelle von $F_2 = 6$ ist, muß $F_1 = 5 \cdot 163 = 815$ sein.

Da F_1 jedoch unbedingt eine dreistellige Zahl sein soll, kommen nur die letzten beiden Möglichkeiten: zweite Stelle von $F_2 = 5$ und damit $F_1 = 978$ und zweite Stelle von $F_2 = 6$ und damit $F_1 = 815$ in Frage. Daraus ergeben sich folgende Rechnungen:

$$
\begin{array}{r}
\overset{F_1}{\overbrace{\text{9 7 8}}} \cdot \overset{F_2}{\overbrace{\text{x 5 x}}} \\
\hline
P_1 = \quad \text{x x x} \\
P_2 = \quad 4\;8\;9\;0 \\
P_3 = \quad\quad \text{x x x} \\
\hline
P_4 = 1\,\text{x x x x x}
\end{array}
\qquad \text{und} \qquad
\begin{array}{r}
\overset{F_1}{\overbrace{\text{8 1 5}}} \cdot \overset{F_2}{\overbrace{\text{x 6 x}}} \\
\hline
P_1 = \quad \text{x x x} \\
P_2 = \quad 4\;8\;9\;0 \\
P_3 = \quad\quad \text{x x x} \\
\hline
P_4 = 1\,\text{x x x x x}
\end{array}
$$

Weiterhin ist ersichtlich, daß die erste Stelle von $F_2 = 1$ und damit $P_1 = F_1$ sein muß. Wäre nämlich die erste Stelle von F_2 von 1 verschieden, würde P_1 keine dreistellige Zahl werden können. Diese Erkenntnis trifft ebenso für die letzte Stelle von F_2 zu. Die vollständig rekonstruierten Rechnungen lauten:

$$
\begin{array}{r}
978 \cdot 151 \\
\hline
978 \\
4890 \\
978 \\
\hline
147678
\end{array}
\qquad \text{und} \qquad
\begin{array}{r}
815 \cdot 161 \\
\hline
815 \\
4890 \\
815 \\
\hline
131215
\end{array}
$$

b) Man bezeichnet die beiden Faktoren mit F_a und F_b, weiterhin die erste bis vierte Zeile der Rechnung mit Z_1 bis Z_4:

$$
\begin{array}{ll}
 & \overbrace{\text{x x 1}} \cdot \overbrace{\text{3 x x}} \\[4pt]
 & \quad F_a \qquad F_b \\
Z_1 = & \text{x 0 x} \\
Z_2 = & \quad\text{x x 3} \\
Z_3 = & \quad\ \ \text{x x x} \\
Z_4 = & \text{9 x x x 2}
\end{array}
$$

Die Multiplikation der ersten Stelle in F_b mit der letzten Stelle in F_a ergibt die letzte Stelle der Zeile Z_1, also $1 \cdot 3 = 3$. Da die zweite Stelle in Z_1 eine 0 ist, kann die zweite Stelle in F_a ebenfalls nur eine 0 sein.

In Z_2 wird die letzte Stelle mit einer 3 angegeben. Da diese 3 das Produkt aus der Multiplikation der letzten Stelle von F_a mit der zweiten Stelle von F_b ist, kann diese zweite Stelle von F_b nur eine 3 sein $(1 \cdot 3 = 3)$.

Außerdem ist die letzte Stelle in Z_4 und damit auch in Z_3 eine 2. Daraus folgt, daß die letzte Stelle von F_b ebenfalls eine 2 sein muß. Weiterhin kann die zweite Stelle in F_a nur eine 0 sein, da sonst die Multiplikation dieser zweiten Stelle mit der ersten Stelle von F_b keine 0 (= zweite Stelle in Z_1) erbringen würde.

Durch die erste Stelle in Z_4 ($= 9$) könnte die erste Stelle in Z_1 entweder eine 9 oder (durch Übertrag von 1 aus der vorangegangenen Addition) eine 8 sein. Da jedoch die erste Stelle in F_b eine 3 ist und keine natürliche Zahl existiert, die mit 3 multipliziert 8 ergibt, kommt für die erste Stelle von Z_1 nur 9 in Frage. Daraus folgt aber: erste Stelle in $F_a = 3$. Die Rechnung ist nun mit den bekannten Ziffern leicht zu rekonstruieren. Sie lautet:

$$
\begin{array}{r}
301 \cdot 332 \\
\hline
903 \\
903 \\
602 \\
\hline
99932
\end{array}
$$

83. 1. Um die Erläuterung zu vereinfachen, betrachtet man zunächst einmal jede der sechs Aufgaben aus 83.1 gesondert. Dabei werden die Subtraktionsaufgaben in Additionen umgeformt. Es gilt:

$$
\begin{array}{lll}
\text{1)} \quad \begin{array}{r} \text{KIT} \\ + \text{JNU} \\ \hline \text{NTI} \end{array}
& \text{2)} \quad \begin{array}{r} \text{URI} \\ + \text{OES} \\ \hline \text{NTI} \end{array}
& \text{3)} \quad \begin{array}{r} \text{URI} \\ + \text{EUN} \\ \hline \text{KET} \end{array}
\end{array}
$$

$$
\begin{array}{lll}
4)\quad \text{RO} & 5)\quad \text{JS} & 6)\quad \text{OES} : \text{RO} = \text{JS}\\
\underline{+\ \text{JNU}} & \underline{+\ \text{KET}} & \\
\quad\ \text{EUN} & \quad\ \text{KIT} &
\end{array}
$$

In der Aufgabe 2 ist zu sehen, daß $S + I = I$ sein soll. Danach gilt $S = 0$.

Bei der Addition der Hunderterstellen in Aufgabe 4 ergibt sich für $J + 1 = E$, wobei die 1 ein Übertrag aus der vorangegangenen Addition sein muß.

Die Addition $E + J = I$, aus Aufgabe 5, muß richtig sein, da von $T + S = T$ kein Übertrag erfolgt und $E + J = I$ die Hunderterstelle der Aufgabe nicht beeinflußt und demnach < 10 sein muß. Setzt man nun in die Addition $E + J = I$ für E die zweite Erkenntnis $E = J + 1$ ein, so erhält man für $I = J + J + 1$. Daraus ist zu schlußfolgern, daß I unbedingt eine ungerade Zahl und $\geqq 3$, also 3, 5, 7 oder 9 sein muß. Für die vier verschiedenen Möglichkeiten für I ergeben sich folgende Ziffern für die Buchstaben E und J:

$$
\begin{aligned}
&I = 3, E = 2, J = 1, S = 0,\\
&I = 5, E = 3, J = 2, S = 0,\\
&I = 7, E = 4, J = 3, S = 0,\\
&I = 9, E = 5, J = 4, S = 0.
\end{aligned}
$$

Nun werden diese bekannten Ziffern in die Division
$OES : JS = RO$ eingesetzt: (Der Buchstabe O wird durch »O«
gekennzeichnet!)

$$
\begin{aligned}
&\text{a)}\quad \text{»O«}\,2\,0 : 1\,0 = \text{»R O«}\\
&\text{b)}\quad \text{»O«}\,3\,0 : 2\,0 = \text{»R O«}\\
&\text{c)}\quad \text{»O«}\,4\,0 : 3\,0 = \text{»R O«}\\
&\text{d)}\quad \text{»O«}\,5\,0 : 4\,0 = \text{»R O«}
\end{aligned}
$$

In a) wird der Dividend, dessen letzte Ziffer eine 0 ist, durch 10 dividiert. Demnach müßten die ersten beiden Stellen des Dividenden gleich dem Quotienten, d. h., »O E« = »R O«, sein (Widerspruch). a) bringt keine Lösung!
In den Divisionen b) und d) würde man, bei beliebigem Einsetzen von Ziffern für »O«, für den Quotienten der Aufgabe 6 niemals eine natürliche Zahl erhalten. Diese beiden Möglichkeiten entfallen ebenfalls.
Für die Division c) gibt es jedoch nur eine einzige Lösung, die den Voraussetzungen nicht widerspricht: $840 : 30 = 28$.
Jetzt sind also folgende Ziffern für folgende Buchstaben bekannt:
$S = 0, R = 2, J = 3, E = 4, I = 7, \text{»O«} = 8$.
Aus der Aufgabe 2 ist zu erkennen, daß $R + E = T$ ist. Demnach gilt: $2 + 4 = 6, T = 6$.

Außerdem soll U + »O« = N sein. Da jedoch »O« = 8 ist und N nicht größer als 9 sein darf, kommt für U nur noch 1 und für N nur noch 9 in Frage.

Die Buchstaben stellen also folgende, von 0 bis 9 geordnete Ziffern dar:

0	1	2	3	4	5	6	7	8	9
S	U	R	J	E	K	T	I	O	N

Das Lösungswort heißt »Surjektion«!

2. Als erstes werden wiederum die sechs einzelnen Aufgaben gesondert herausgeschrieben, wobei die Subtraktionen in Additionen umzuwandeln sind:

$$
\begin{array}{llll}
1) & \text{GAL} & 2) & \text{NL} & 3) & \text{TR} \\
& +\,\text{NTA} & & +\,\text{NIN} & & +\,\text{NIN} \\
\hline
& \text{RNR} & & \text{NTI} & & \text{NTA}
\end{array}
$$

$$
\begin{array}{ll}
4) & \text{RNR} \\
& +\,\text{NTI} \\
\hline
& \text{AER}
\end{array}
\qquad
\begin{array}{l}
5)\quad \text{GAL} : \text{NL} = \text{EN} \\[1em]
6)\quad\ \ \text{EN} \cdot \text{TR} = \text{AER}
\end{array}
$$

Nach Aufgabe 4 ist R + I = R. Damit muß I = 0 sein.
Es gilt weiterhin:
Aufgabe 2) L + N = 10 und N + 1 = T
Aufgabe 3) R + N = A
Aufgabe 4) N + T = E
Formt man die Aufgabe 5 in eine Multiplikation um, so ist zu erkennen, daß die letzten Stellen der Faktoren NL und EN miteinander multipliziert, wieder ein L in der Einerstelle des Produktes ergeben müssen. Das ist aber nur der Fall, wenn N = 1 oder 5 wäre. N = 5 entfällt, da L + N = 10 ist und L ebenfalls 5 sein müßte (Widerspruch). Für N = 1 ergeben sich für die Buchstaben L, T, E und I folgende Ziffern:

$$N = 1, T = 2, E = 3, L = 9, I = 0.$$

Aus der Multiplikation NL · EN = GAL, also 19 · 31 = 589, ergibt sich für G = 5 und für A = 8.
Bei R + N = A ist R = 7.
Es werden nun alle Buchstaben, nach den Ziffer 0 bis 9 geordnet, herausgeschrieben:

0	1	2	3	5	7	8	9
I	N	T	E	G	R	A	L

Das Lösungswort heißt »Integral«!

84. Siehe Abbildung

85. Die Lösungen der zehn Aufgaben verlaufen analog zu Lösung 83.
    Sie lauten:

$$
\begin{array}{lll}
1) & 218 + 325 = 543 \\
   & \ \ + \quad\ \ + \quad\ \ + \\
   & \underline{147 + 109 = 256} \\
   & 365 + 434 = 799
\end{array}
\qquad
\begin{array}{lll}
2) & 645 - 328 = 317 \\
   & \ \ - \quad\ \ - \quad\ \ - \\
   & \underline{418 - 269 = 149} \\
   & 227 - \ \ 59 = 168
\end{array}
$$

$$
\begin{array}{lll}
3) & \ \ 7 \times \ \ 8 = \ \ \ \ 56 \\
   & \ \ \times \quad\ \ \times \quad\ \ \times \\
   & \underline{12 \times \ \ 4 = \ \ \ \ 48} \\
   & 84 \times 32 = 2688
\end{array}
\qquad
\begin{array}{lll}
4) & 1680 : 48 = 35 \\
   & \ \ : \quad\ \ : \quad\ \ : \\
   & \underline{\ \ 42 : \ \ 6 = \ \ 7} \\
   & \ \ 40 : \ \ 8 = \ \ 5
\end{array}
$$

5)	$612 + 321 = 933$		6)	$514 + 298 = 812$	
	$-\quad+\quad-$			$-\quad+\quad-$	
	$312 - 206 = 106$			$245 - 134 = 111$	
	$300 + 527 = 827$			$269 + 432 = 701$	
7)	$466 + 123 = 589$		8)	$320 + 259 = 579$	
	$-\quad-\quad-$			$-\quad+\quad-$	
	$170 + \;\,63 = 233$			$110 - \;\,46 = \;\,64$	
	$296 + \;\,60 = 356$			$210 + 305 = 515$	
9)	$630 - 163 = 467$		10)	$332 - 206 = 126$	
	$-\quad-\quad-$			$-\quad-\quad-$	
	$265 - \;\,85 = 180$			$111 - \;\,53 = \;\,58$	
	$365 - \;\,78 = 287$			$221 - 153 = \;\,68$	

86. Daß Achilles die Schildkröte niemals überholen könnte, ist natürlich ein absoluter Trugschluß. Die Teilstrecken, die Achilles und die Schildkröte zurücklegten, wurden abwechselnd und nacheinander betrachtet. Dadurch wurde dem Betrachter Logik suggeriert. Diese Logik ist jedoch in der Problemstellung nicht enthalten.

Die Schildkröte legte die Strecke $s_1, s_2, s_3, \ldots, s_n$ zurück, während Achilles bei der Teilstrecke s_0 begann und deshalb immer eine Teilstrecke zurück lag. Die Teilstrecken, die die Schildkröte zurücklegte, bilden, ebenso wie die Teilstrecken des Achilles, eine geometrische Reihe, deren Folge ihrer Partialsummen s_n der endlichen Summe ihrer n ersten Glieder für $n \rightarrow \infty$ konvergiert. Wenn man nun den Grenzwert dieser konvergenten geometrischen Reihe bildet, so kennt man die Strecke, nach welcher Achilles die Schildkröte einholen muß.

Außerdem ist bekannt, daß die einzelnen Teilstrecken der Reihe immer kleiner werden, da

$$s_0 + s_1 + s_2 + \ldots + s_n = s_0 \, (p + p^2 + \ldots + p^n)$$

ist und p^{n+1}, wegen $p < 1$, gegen Null gehen muß.

Hat die Schildkröte also die Strecke $s_n = 0$ erreicht, müßte Achilles nach der Behauptung, er könne die Schildkröte niemals einholen, stehenbleiben. Das ist aber nicht der Fall. Achilles läuft weiter und überholt die Schildkröte.

Man ging bei der Aufgabenstellung eben nicht von gleich großen Strecken aus, sondern versuchte, durch eine unzulässige Betrachtung immer kleinerer Teilstrecken, den Punkt des Überholens (Grenzwert) bis ins Unendliche hinauszuschieben.

Die Strecke, nach der Achilles die Schildkröte überholen mußte, kann übrigens recht einfach berechnet werden. Die Gleichung für eine geradlinig gleichförmige Bewegung, wie sie Achilles und die

Schildkröte ausführten, lautet:

$$v = \frac{s}{t}.$$

Die Strecke, die Achilles benötigt, um die Schildkröte einzuholen, soll s_E sein. Die Geschwindigkeit des Achilles sei v_A und die der Schildkröte $\frac{v_A}{10}$. Danach gilt: $v_A = \frac{s_0 + s_E}{t}$ und $\frac{v_A}{10} = \frac{s_E}{t}$.

Aus diesen beiden Gleichungen ergibt sich die Formel für den Weg, den Achilles zurücklegen mußte, um die Schildkröte zu überholen:

$$s_E = \frac{s_0 \cdot \frac{v_A}{10}}{v_A - \frac{v_A}{10}} + s_0$$

$$s_E = \frac{s_0}{9} + s_0.$$

Werden nun für die erste Teilstrecke, also den ursprünglichen Abstand Achilles von der Schildkröte, 100 Meter eingesetzt, so erhält man für $s_E = 111,\overline{1}$ Meter.

Nach dieser Strecke hätte Achilles die Schildkröte eingeholt.

87. Um diese Aufgabe zu lösen, muß man unbedingt die Anzahl der in Frage kommenden zehnstelligen Zahlen auf ein Minimum reduzieren. Zuerst einmal ist festzustellen, wie viele Möglichkeiten es gibt, die zehn verschiedenen Ziffern derart anzuordnen, daß sich keine der dadurch gebildeten zehnstelligen Zahlen wiederholt. Begonnen wird zum Beispiel mit der 1. Die 1 kann an jede beliebige Stelle der zu bildenden Zahl gesetzt werden, was zehn mögliche zehnstellige Zahlen ergibt, bei denen jeweils 9 Stellen frei bleiben. Auf diese 9 freien Stellen kann man die nächste Zahl (z.B. 2) setzen und erhält demnach schon $10 \cdot 9 = 90$ verschiedene Möglichkeiten für die zehnstellige Zahl, bei denen jeweils acht Stellen unbesetzt bleiben. Nun die nächste Ziffer, 3, in die acht freien Stellen. Es ergeben sich $10 \cdot 9 \cdot 8 = 720$ Möglichkeiten. Natürlich kann die 3 wie jede andere Ziffer auch an zehn verschiedene Stellen in den einzelnen zehnstelligen Zahlen plaziert werden, was aber dann die Anzahl der Möglichkeiten für die erste Ziffer, z.B. 1, verringern würde. Deshalb erhält man nicht $10 \cdot 10 \ldots \cdot 10 = 10^{10}$ verschiedene Möglichkeiten (für jede Ziffer von 1 bis 0 zehn verschiedene besetzbare Stellen), sondern $10 \cdot 9 \cdot 8 \cdot 7 \cdot 6 \cdot 5 \cdot 4 \cdot 3 \cdot 2 \cdot 1 = 3\,628\,800$. Bei dieser Rechnung werden nur die noch verbleibenden freien Stellen in den zehnstelligen Zahlen nach Einsetzen der verschiedenen Ziffern betrachtet. Für die erste Ziffer zehn verschiedene Stellen, für die zweite neun, für die dritte acht, für die vierte sieben, für die fünfte sechs usw.

Die zehn verschiedenen Ziffern kann man also 3 628 800 mal auf unterschiedliche Art und Weise anordnen. Wird jedoch die 0 an die erste Stelle gesetzt, dann erhält man eine neunstellige Zahl, was den Forderungen widerspricht. Es sind demnach die Anzahl der Möglichkeiten für 0 = erste Stelle der zehnstelligen Zahl von unserem Ergebnis zu subtrahieren. Da die 0 ein Zehntel aller zur Verfügung stehenden Ziffern ausmacht, entfallen deshalb $\frac{1}{10}$ aller Möglichkeiten, weshalb gilt:

3 628 800 − 362 880 = 3 265 920 verschiedene Möglichkeiten der Anordnung der zehn verschiedenen Ziffern in zehnstelligen Zahlen.

Es wäre natürlich ein unsinniger Versuch, jede einzelne dieser möglichen zehnstelligen Zahlen durch jeden, in der Aufgabe angegebenen Divisor (1 bis 18) zu teilen. Würde man nämlich für jede einzelne durchzuführende Division nur 5 Sekunden benötigen und kontinuierlich acht Stunden am Tag arbeiten, bräuchte man mehr als 27 Jahre, um alle Möglichkeiten auszuprobieren.

Es gibt aber einen schnelleren Weg, um die vier gesuchten zehnstelligen Zahlen zu entdecken. Man benutzt dazu das kleinste gemeinsame Vielfache. Um dieses zu finden, werden die einzelnen geforderten Divisoren in ihre Primfaktoren zerlegt:

```
 1 = 1
 2 =   2
 3 =     3
 4 =       2
 5 =         5
 6 =     3 2
 7 =           7
 8 =   2   2     2
 9 =     3           3
10 =   2     5
11 =                   11
12 =   2 3 2
13 =                       13
14 =   2       7
15 =     3   5
16 =   2   2     2             2
17 =                             17
18 =   2 3           3
```

k. g. V. = 1 · 2 · 3 · 2 · 5 · 7 · 2 · 3 · 11 · 13 · 17 · 2 = 12 252 240

Weiterhin ist bekannt, daß die kleinste mögliche zehnstellige Zahl 1023456789 und die größtmögliche 9876543210 ist. Daraus folgt:
$12252240 \cdot x = y$,
wobei y eine der vier gesuchten zehnstelligen Zahlen ist und $1023456789 \leqq y \leqq 9876543210$.
Demnach muß der Faktor x: $84 \leqq x \leqq 806$ sein. Damit erhält man für x genau 723 Möglichkeiten. Diese 723 Möglichkeiten lassen sich reduzieren, indem festgestellt wird, bei welchem x, multipliziert mit 12252240, in y zweimal die gleiche Ziffer erscheint.

1. Ist die letzte Stelle von x eine 3 oder eine 8, werden die letzten Stellen von y 20.
Ist die letzte Stelle von x eine 1 oder eine 6, werden die letzten Stellen von y 40.
Ist die letzte Stelle von x eine 4 oder eine 9, werden die letzten Stellen von y 60.
Ist die letzte Stelle von x eine 2 oder eine 7, werden die letzten Stellen von y 80.
Ist die letzte Stelle von x eine 0 oder eine 5, werden die letzten Stellen von y 00. (Damit entfallen alle Möglichkeiten, bei denen die letzte Stelle von x eine 0 oder eine 5 ist.)
Die gesamte Anzahl aller Möglichkeiten für x ist nun
$723 - 145 = 578$.

2. Nun wird festgestellt, für welchen Bereich von x die erste Stelle von y 1, 2, 3, ... oder 8 ist. Bei

$164 \leqq x \leqq 244$ ist die erste Stelle von y 2.	Nach 1 entfallen 16 Möglk.
$245 \leqq x \leqq 326$ „	3.	—
$327 \leqq x \leqq 408$ „	4.	Nach 1 entfallen 16 Möglk.
$409 \leqq x \leqq 489$ „	5.	—
$490 \leqq x \leqq 571$ „	6.	Nach 1 entfallen 16 Möglk.
$572 \leqq x \leqq 652$ „	7.	—
$653 \leqq x \leqq 734$ „	8.	Nach 1 entfallen 16 Möglk.

Damit verringert sich die Anzahl der für x möglichen Zahlen von 578 auf $578 - 64 = 514$.

3.

Sind die letzten beiden Stellen von x:	so sind die letzten drei Stellen von y:	Anzahl der entfallenen Möglichkeiten:
.12	880	6
.42	080	6
.62	880	7
.92	080	7

.46	040	6
.56	440	6
.96	040	7
106	440	7
.17	080	6
.37	880	6
.67	080	7
.87	880	7

Damit erhält man für x: $514 - 78 = 436$ verschiedene Möglichkeiten. Beim Multiplizieren des k. g. V. mit diesen Möglichkeiten ergeben sich die gesuchten Zahlen:

$$12252240 \cdot 199 = 2438195760$$
$$12252240 \cdot 309 = 3785942160$$
$$12252240 \cdot 388 = 4753869120$$
$$12252240 \cdot 398 = 4876391520$$

88. Das Prinzip dieses Multiplikationsverfahrens beruht auf folgendem Zusammenhang:

Man bezeichnet den linken Faktor der Aufgabe mit x und den rechten Faktor mit y. Dann wird x solange durch 2 dividiert, bis $x_n = 1$ ist. Ebenso oft multipliziert man y mit 2. Die Lösung der Aufgabe erfolgt also nach dem Schema:

$$\begin{aligned}
& \qquad\qquad x \cdot y \\
(x\ &: 2) = x_1 \cdot y_1 = (y\ \cdot 2) \\
(x_1 &: 2) = x_2 \cdot y_2 = (y_1 \cdot 2) \\
(x_2 &: 2) = x_3 \cdot y_3 = (y_2 \cdot 2) \\
& \qquad \cdot \qquad\quad \cdot \\
& \qquad \cdot \qquad\quad \cdot \\
& \qquad \cdot \qquad\quad \cdot \\
(x_{n-1} &: 2) = x_n \cdot y_n = (y_{n-1} \cdot 2)
\end{aligned}$$

Ergeben sich in den Divisionen $x : 2$, $x_1 : 2$, $x_2 : 2$, ..., $x_n = 1$ keine Reste, so ist klar, daß der Faktor y_n der Multiplikation $x_n \cdot y_n$, wobei $x_n = 1$ sein soll, dem gesuchten Produkt entsprechen muß.

Bei dieser Aufgabe ist der Faktor x jedoch nicht ohne Rest durch 2 teilbar. Die erste Zeile lautet demnach: $\frac{x-1}{2} = 2y$. Das Ergebnis dieser Multiplikation ist $xy - y$. Der Faktor x_1 in der zweiten Zeile ist wiederum nicht ohne Rest durch 2 teilbar: $\frac{x_1 - 1}{2} = 2y_1$.

Das Ergebnis der Multiplikation lautet $x_1y_1 - y_1$. Man erkennt, daß das Nichtbeachten des Restes 1 die Subtraktion des jeweiligen Faktors $y_{(...)}$ bedingt. Bei $x_n = 1$ müssen dann zum letzten Faktor y_n alle, bis dahin subtrahierten Faktoren $y_{(...)}$ (Das ist, wie bekannt, nur in den Zeilen mit x nicht ohne Rest durch 2 teilbar, d. h. $x =$ ungerade Zahl, der Fall.) addiert werden, um die nichtbeachteten Reste im Ergebnis auszugleichen.
Für die Aufgabe 88 bedeutet das:

$$y + y_1 + y_6 + y_7 + y_8 + y_9 = x \cdot y$$

89.

90. Die Erklärung ist ganz einfach! Das Spiel basiert auf dem Zweiersystem oder dyadischen Zahlensystem. Dieses System hat die Grundzahl $g = 2$ und nur zwei verschiedene Ziffern, nämlich O und L. Die Zahlen des Zweiersystems bestehen demnach nur aus einer verschieden großen Anzahl von »O« und »L«, wobei O für verneinend, minus oder »Null« steht und L für bejahend, plus oder »Eins«. Verneint oder bejaht wird durch O oder L nur das Vorhandensein einer bestimmten Zweierpotenz. Um welche Zweierpotenz es sich handelt, ersieht man aus der Stellung von L oder O in der Zahl selbst. Um diesen Gedanken zu verdeutlichen,

ist folgende Tabelle zu betrachten:

2^n	2^4	2^3	2^2	2^1	2^0	Entsprechung im Zehnersystem
–	–	–	–	–	L	= 1
–	–	–	–	L	O	= 2
–	–	–	–	L	L	= 3
–	–	–	L	O	O	= 4
–	–	–	L	O	L	= 5
–	–	–	L	L	O	= 6
–	–	–	L	L	L	= 7
–	–	L	O	O	O	= 8
–	–	L	O	O	L	= 9
–	–	L	O	L	O	= 10
–	–	L	O	L	L	= 11
–	–	L	L	O	O	= 12

Die Zahl LLOO entspricht also der Zahl 12 unseres Zehnersystems und wegen

$2^0 = 1$ ist nicht vorhanden (letzte Stelle der Zahl LLOO ist eine 0)

$2^1 = 2$ ist nicht vorhanden (vorletzte Stelle der Zahl LLOO ist eine 0)

$2^2 = 4$ ist vorhanden (drittletzte Stelle der Zahl LLOO ist ein L)

$2^3 = 8$ ist ebenfalls vorhanden (erste Stelle der Zahl LLOO ist ein L) und

$2^2 + 2^3 = 4 + 8 = 12$.

Es ist zu sehen, daß man mit Hilfe der verschiedenen Zweierpotenzen jede beliebige Zahl darstellen kann, und auf eben diesem Gedanken basiert das Spiel. Die erste Ziffer oder Zahl jeder der Zahlengruppen a) bis g) ist eine Zweierpotenz ($1 = 2^0$, $2 = 2^1$, $4 = 2^2, \ldots 64 = 2^6$). Das einzige, was dem Erfinder des Spiels zu tun verblieb, war das Einsetzen der Zahlen zwischen 1 und 127 in die Zahlengruppen a) bis g) in der Form, daß jede Zahl nur in den Gruppen auftaucht, deren erste Stellen addiert eben diese bestimmte Zahl darstellten. Die Zahl 29 erschien deshalb in den Gruppen a) ($2^0 = 1$), c) ($2^2 = 4$), d) ($2^3 = 8$) und e) ($2^4 = 16$).

91. Es erscheint unglaublich, aber es ist wahr, daß selbst heute ein Staatsmann nicht in der Lage wäre, Paladnis Wunsch zu erfüllen. Die Menge der Reiskörner ergibt sich aus der Anzahl der Felder eines Schachbrettes. Auf das erste Feld des Brettes kommt ein Reiskorn, was der Potenz $2^0 = 1$ entspricht. Das zweite Feld muß schon $2^1 = 2$ und das dritte Feld $2^2 = 4$ Reiskörner beherbergen. Da ein Schachbrett 64 Felder besitzt, liegen auf dem letzten Feld 2^{63} Reiskörner. Die gesamte Menge Reis ist demnach die Summe

aus allen Reiskörnern aller 64 Felder des Brettes:

$$2^0 + 2^1 + 2^2 + 2^3 + \ldots + 2^{63} = 2^{64} - 1 \approx 18\,000\,000\,000\,000\,000\,000$$

Reiskörner. Würde man das Gewicht eines Reiskorns mit nur $\frac{1}{20}$ g angeben, so hätte Paladni rund 900 000 000 000 Tonnen Reis verlangt. Da der Durchschnitt einer Jahresernte auf der ganzen Welt keine 150 000 000 Tonnen ausmacht, standen Paladni alle Reiskörner der Welt für die folgenden 6000 Jahre zu. Wollte Paladni diesen Reis nach Hause fahren, es wäre ihm nicht gelungen.
Selbst mit heutigen modernen Transportmitteln müßte ein solcher Versuch unbedingt scheitern. Würde zum Beispiel versucht, »Paladnis Reis« in 12 m lange Güterwaggons zu je 20 t zu verladen, so bräuchte man 45 000 000 000 Waggons. Diese aneinander gereiht, ergäben eine Zuglänge von rund 540 000 000 Kilometern, was in etwa der dreieinhalbfachen Entfernung der Erde zur Sonne entspricht.

92. Um die 16 Bauern allesamt zu schlagen, sind nicht mehr als 16 Züge notwendig. Es muß dabei jedoch beachtet werden, daß der erste geschlagene Bauer sich nicht auf den Feldern f4, e3, e4, d5, d6 oder c5 befindet, da sonst mehr Züge erforderlich sind. Eine der vielen Möglichkeiten zur Lösung des Problems ist:
f2, g4, e3, g2, f4, e2, g3, e4, d6, b5, c7, d5, b6, d7, c5, b7.

93. Das Rössel stand zu Beginn auf dem Feld a1. Dieses ist ein schwarzes Feld, und man wird bemerken, daß das Rössel nach seinem ersten Zug auf ein weißes, nach seinem zweiten Zug auf ein schwarzes, nach seinem dritten Zug wieder auf ein weißes Feld usw. gelangt. Bei jeder ungeraden Anzahl von Sprüngen (1, 3, 5, 7, ..., 63) berührt das Rössel demnach ein weißes, bei jeder geraden Anzahl von Sprüngen (2, 4, 6, 8, ..., 64) ein schwarzes Feld.
Da das Schachbrett genau 64 Felder hat und das Rössel eines dieser Felder (Feld a1) anfangs belegte, muß es zur Lösung der Aufgabe 63 weitere Felder berühren. Wenn also jedes dieser 63 Felder einmal und nur einmal als Standpunkt eingenommen werden darf, muß das Rössel genau 63 Züge machen. Der 63. Zug ist jedoch, wie vorhin bemerkt, immer ein Zug auf ein weißes Feld, und das Feld h8, welches zuletzt berührt werden sollte, ist schwarz. Demnach konnte das Rössel das Feld h8 niemals mit dem 63. Zug erreichen.
Das Vorhaben des Rössels war tatsächlich nicht erfolgreich zu beenden.

94. Um die Lösung übersichtlicher zu gestalten, wird als erstes das vorgegebene Quadrat aus den neun Feldern aufgezeichnet und die Randfelder im Uhrzeigersinn mit 1 bis 8 benannt. Das Mittelfeld darf dabei außer acht gelassen werden, da die Rössel es niemals berühren können. In der Abbildung ist zu sehen, daß die Anordnung der vier Rössel um 180° gedreht werden muß, damit die Aufgabe gelöst wird. Das heißt: Das erste schwarze Rössel (R_{s1}) muß von Feld 1 nach Feld 5. Das zweite schwarze Rössel (R_{s2}) muß von Feld 3 nach Feld 7. Das erste weiße Rössel (R_{w1}) muß von Feld 5 nach Feld 1, und das zweite weiße Rössel (R_{w2}) muß von Feld 7 nach Feld 3.

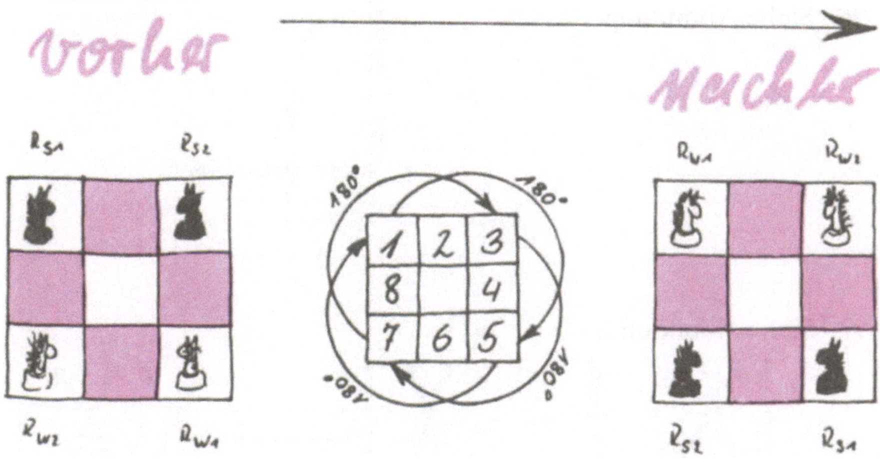

Um dieses Ziel zu erreichen, muß jedes der vier Rössel nur vier Züge machen. Der erste Zug kann von jedem Rössel ungehindert ausgeführt werden, da dies ein Sprung auf eines der nichtbesetzten Zwischenfelder (2, 4, 6, 8) ist.

Ein Rössel kann jedoch nicht zwei Sprünge hintereinander ausführen, da der zweite Zug unwillkürlich auf ein besetztes Feld führen würde. Es bietet sich daher an, daß alle vier Rössel nacheinander den ersten Sprung machen. Hat jedes Rössel seinen ersten Sprung absolviert, kann man zum zweiten Sprung übergehen usw. Die folgende Tabelle zeigt die Lösung:

Rössel:	R_{s1}	R_{s2}	R_{w1}	R_{w2}	R_{s1}	R_{s2}	R_{w1}	R_{w2}	R_{s1}	R_{s2}	R_{w1}	R_{w2}	R_{s1}	R_{s2}	R_{w1}	R_{w2}
Von Feld:	1	3	5	7	4	6	8	2	7	1	3	5	2	4	6	8
Zum Feld:	4	6	8	2	7	1	3	5	2	4	6	8	5	7	1	3
Zug Nr.:	1.	2.	3.	4.	5.	6.	7.	8.	9.	10.	11.	12.	13.	14.	15.	16.

Die vier Rössel müssen also 16 Züge machen, um das Turnierziel
zu erreichen.

95. Für diese Aufgabe gibt es keine Lösung.
    Da auf ein weißes Feld in jeder Richtung ein schwarzes Feld folgt
    und umgekehrt, bedeckt ein einzelner Dominostein prinzipiell ein
    weißes und ein schwarzes Feld. Die beiden Könige stehen auf den
    Feldern a1 und h8. Diese zwei Felder sind schwarz, was bedeutet,
    daß ein Dominostein zwei weiße Felder bedecken müßte – und
    das ist nicht möglich!

96. Siehe Abbildung!

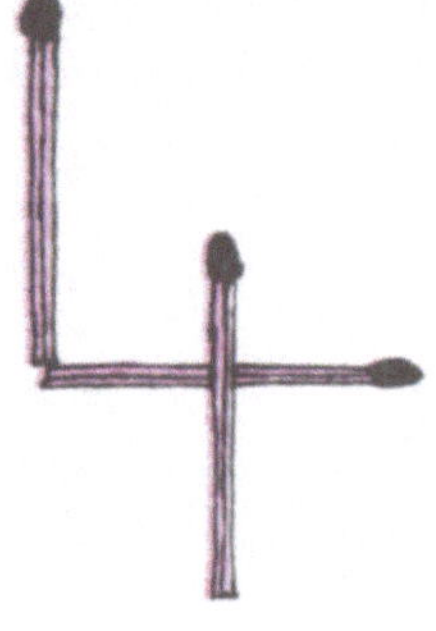

97. Siehe Abbildung!

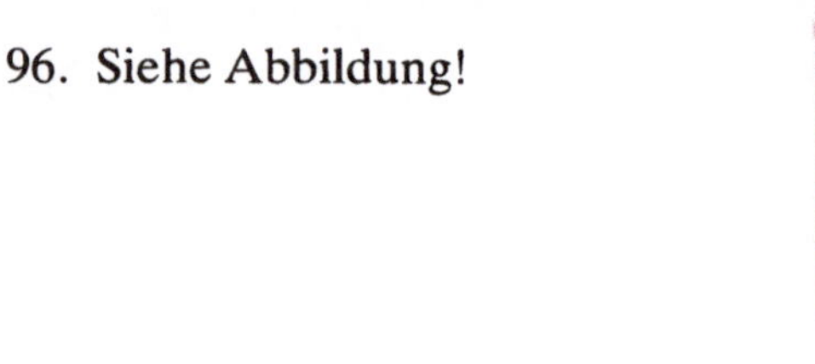

98. Zuerst muß eine Dreiergruppe Streichhölzer auf dem ersten
    Streichholz gebildet werden. Die nächsten beiden Dreiergruppen
    können nur auf dem 3. und vorletzten (17.) Streichholz liegen.

Wenn diese drei Dreiergruppen vorliegen (die Lage der drei ersten Dreiergruppen ist allgemeingültig!), sind die restlichen recht einfach zu finden. In diesem Fall werden die Streichhölzer folgendermaßen umgelegt:

5 auf 1, 6 auf 1, 9 auf 3, 10 auf 3, 13 auf 17, 12 auf 17, 15 auf 7, 16 auf 7, 2 auf 4, 8 auf 4, 14 auf 18 und 11 auf 18.

Bei intensiver Betrachtung der Aufgabe fällt auf, daß unbedingt $4n$ Streichhölzer notwendig sind, um x Gruppen zu n Streichhölzern zu bilden.

Auf die Aufgabe bezogen heißt das, daß mindestens $4 \cdot 3$ Streichhölzer notwendig sind, um Dreiergruppen auf die geforderte Art zu bilden. Die Mindestzahl wäre dann allgemein für

$$x \cdot n \, \frac{\text{Streichhölzer}}{\text{Gruppe}}:$$

$4 \cdot n$ Streichhölzer.

99. Aus den 24 Streichhölzern wurden in den Abbildungen von Seite 76

> 7 Quadrate
> 10 Quadrate
> 10 Quadrate
> 14 Quadrate gebildet.

100. Aus den 24 Streichhölzern lassen sich höchstens 121 Quadrate bilden. Siehe Abbildung!

101. Siehe Abbildung!

102. Siehe Abbildung!

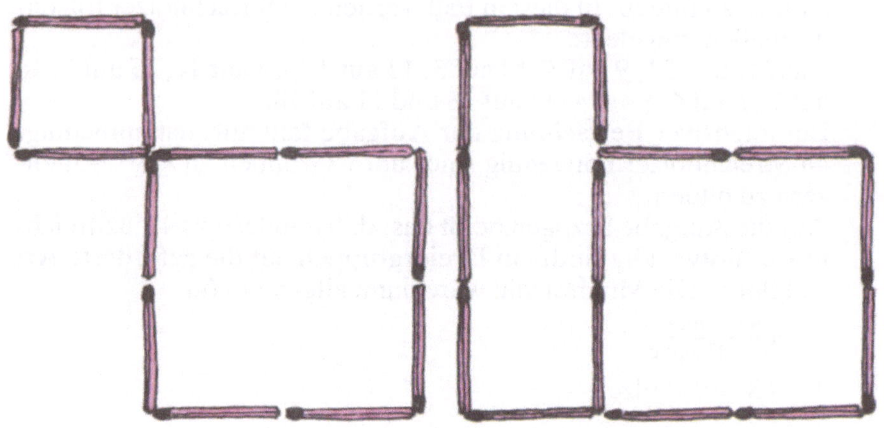

103. Siehe Abbildungen!

104. Siehe Abbildung!

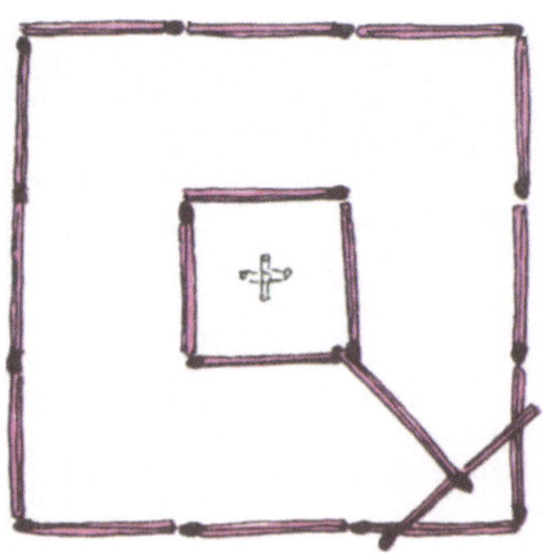

105. Es müssen mindestens 14 Streichhölzer weggenommen werden.
     Vergleiche dazu die Abbildung!

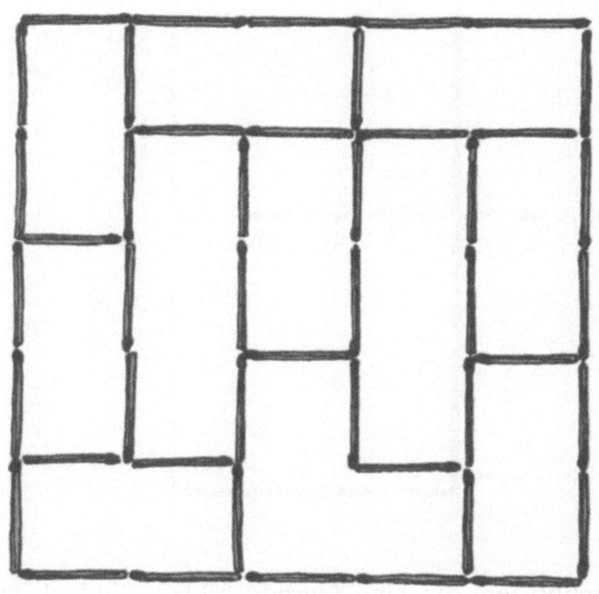

106. Siehe folgende
     Abbildungen!

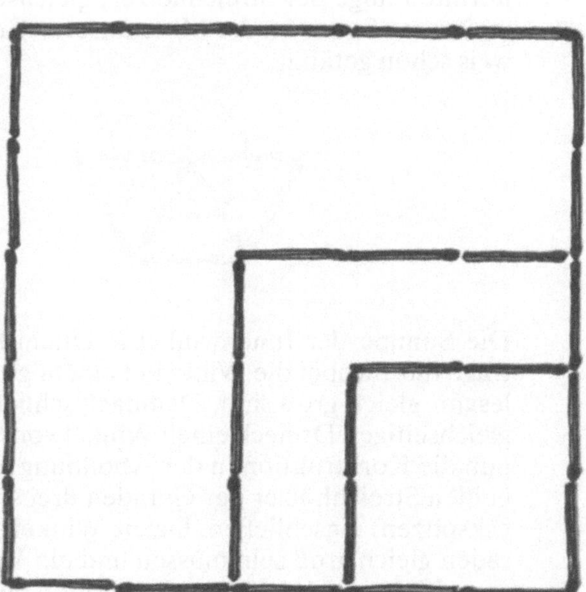

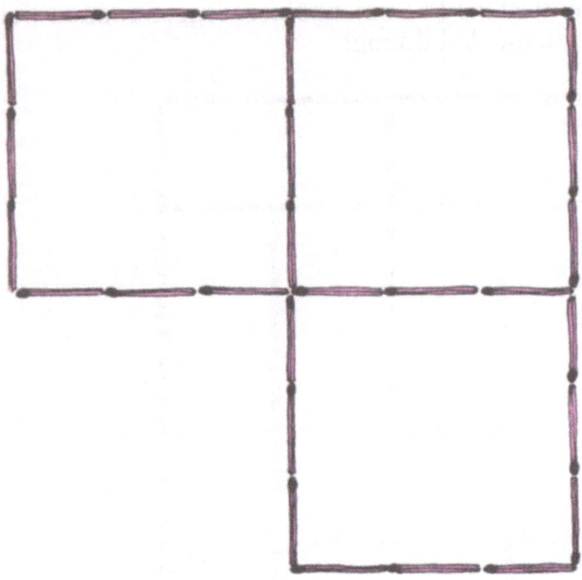

107. Zwei Streichhölzer, die eine Gerade bilden, sind gleich den Schenkeln eines Winkels von 180°. Wenn man nun aus weiteren Streichhölzern drei Dreiecke konstruiert, die, durch die genormte Länge der Streichhölzer, gleichseitig sind und deren gemeinsame Spitze an der Mitte unserer Geraden liegt, ist der Beweis schon getätigt.

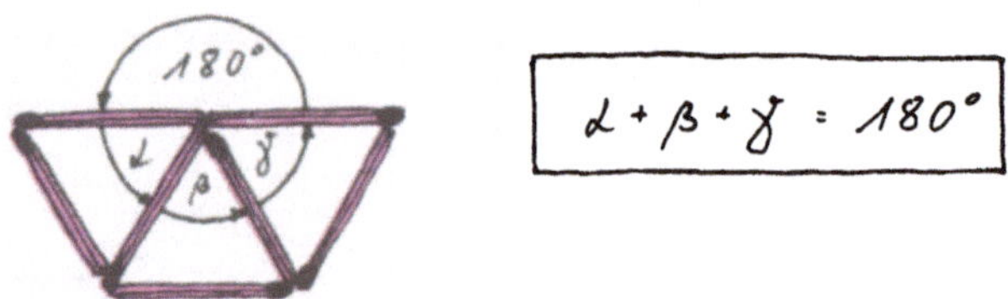

Die Summe der Innenwinkel in einem beliebigen Dreieck beträgt 180°, wobei die Winkel in einem gleichseitigen Dreieck allesamt gleich groß sind. Demnach schließt jede Spitze in einem gleichseitigen Dreieck einen Winkel von 60° ein. Betrachtet man nun die Konstruktion in der Abbildung, so ist zu sehen, daß die beiden Streichhölzer der Geraden drei solche 60° Winkel (Dreieckspitzen) einschließen. Da die Winkel an jeder Seite einer Geraden gleich groß sein müssen und ein Vollwinkel 360° Ausdehnung besitzt und sich aus der Addition der Winkel der drei Dreiecksspitzen $\alpha + \beta + \gamma = 180°$ ergibt, bleibt für den Winkel über den beiden Streichhölzern ebenfalls nur noch 180° übrig. Die beiden Streichhölzer bilden demnach tatsächlich eine Gerade.

108. Siehe Abbildung!

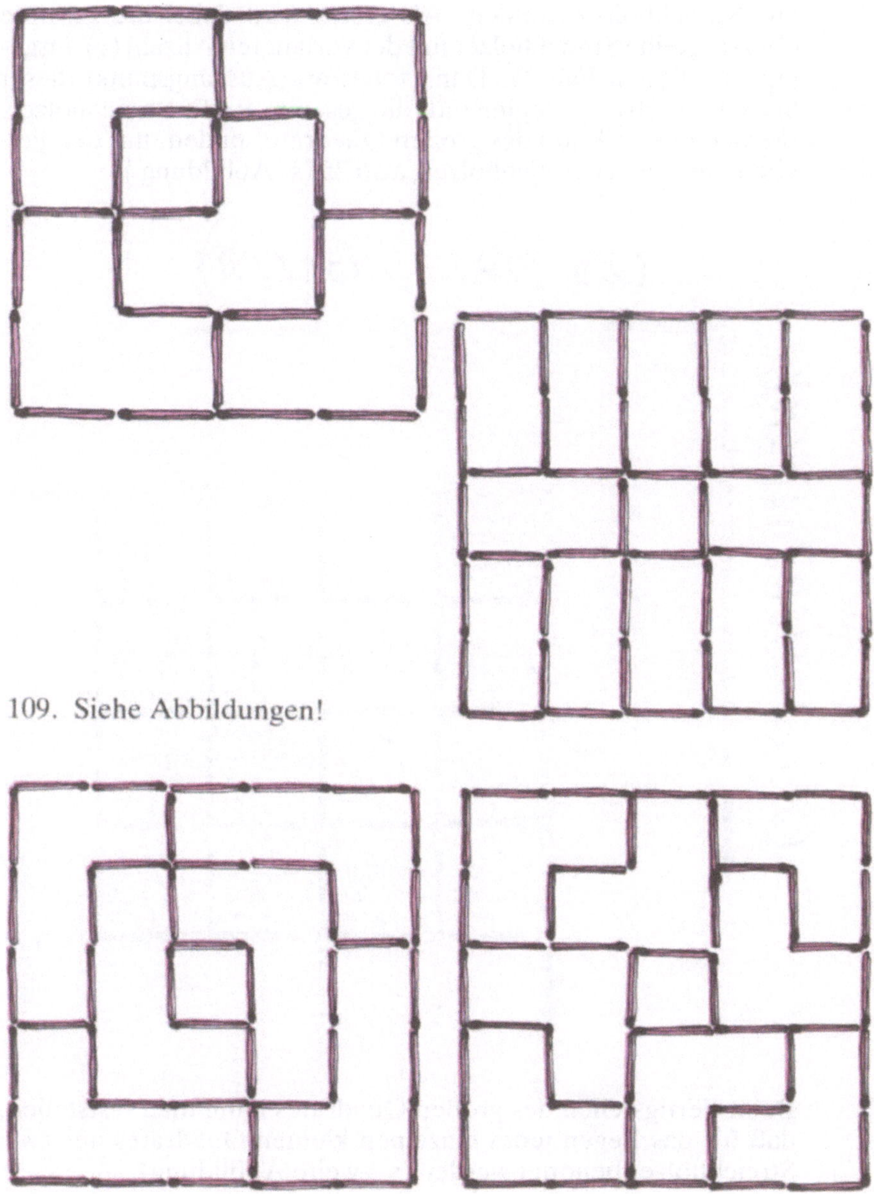

109. Siehe Abbildungen!

110. Um einen Quadratmeter Fläche mit Quadraten von einem Streichholz Seitenlänge auszulegen, benötigt man 1300 Streichhölzer. Diese Anzahl ist leicht zu berechnen, wenn man sich mit der Grundlage der Streichholzquadrate vertraut macht. Ein Quadrat aus a^2 kleinen Quadraten hat die Seitenlänge a.

Um dieses Quadrat zu fertigen, muß man die kleinen Quadrate aus Streichhölzern bilden. Als erstes wird dabei die gesamte oberste Reihe Streichhölzer mit der verlangten Anzahl (a) ausgelegt, in diesem Fall 25. Dann folgt, am Ausgangspunkt dieser Streichholzstrecke beginnend, die gesamte Reihe Streichhölzer, die den linken Rand des großen Quadrates bilden, mit der gleichen Anzahl (a) Streichhölzer, also 25 (s. Abbildung).

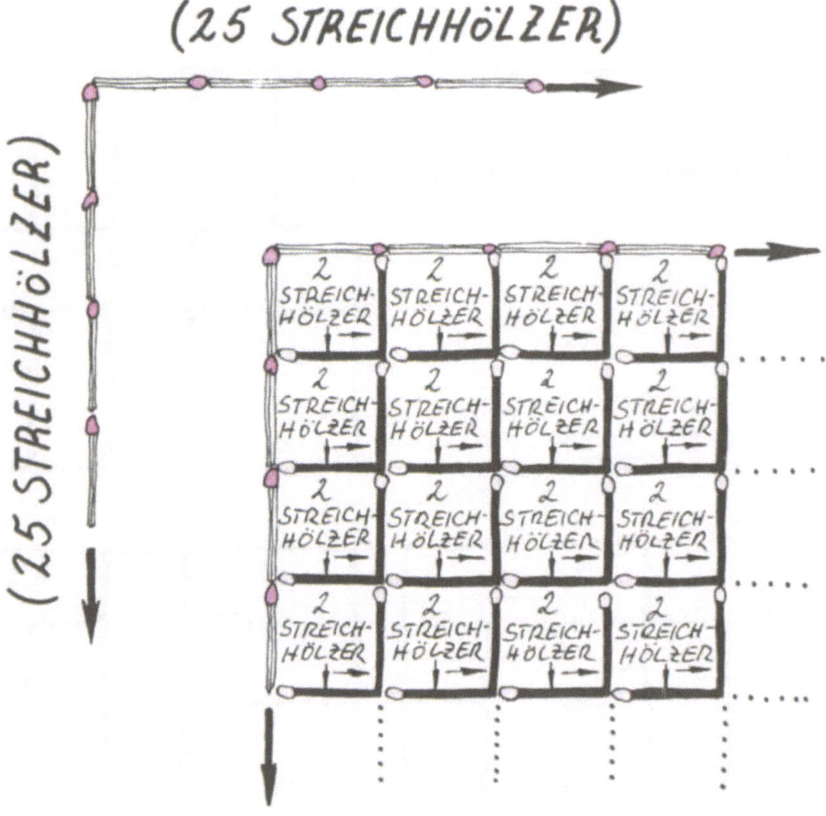

Beim Fertigstellen des großen Quadrates kann man feststellen, daß für das Legen jedes einzelnen kleinen Quadrates nur zwei Streichhölzer benötigt werden (s. zweite Abbildung).

Die Anzahl der insgesamt benutzten Streichhölzer ist demnach:

gesamte oberste Reihe Streichhölzer $\qquad = a$

plus gesamte linke Seite Streichhölzer $\qquad = a$

plus zwei Streichhölzer für jedes kleine
Quadrat $\qquad = 2a^2$

Es gilt: $2a^2 + a + a = 2a^2 + 2a$

$2a$ wird ausgeklammert und man erhält:

$2a(a + 1)$.

Dies ist die allgemeine Form für das Finden der Anzahl der Streichhölzer, die benötigt werden, um ein Quadrat aus a^2 kleinen Quadraten zu legen, wobei jedes kleine Quadrat die Seitenlänge eines Streichholzes hat.

Die gefundene Formel wird in der Lösung für die Aufgabe 110 angewendet mit folgendem Ergebnis:

Bei einer Seitenlänge von einem Meter und einer Streichholzlänge von 4 cm ist $a = 25$. Diese Zahl setzt man in die allgemeine Lösungsgleichung ein.

$2 \cdot (25) \cdot (25 + 1) = 50 \cdot (25 + 1) = 50 \cdot 26 = 1300$ (Streichhölzer)

111.

112. Da jede der Ziffern 0 bis 6 auf allen Dominosteinen insgesamt achtmal vorkommt und die Ziffern in der angelegten Reihe paarweise angeordnet sind (auf 2 folgt 2, auf 5 folgt 5 usw.), muß die Reihe mit der gleichen Augenzahl enden, mit der sie begonnen wurde. In diesem Fall wäre die letzte Augenzahl eine 6.

113. Siehe Abbildung!

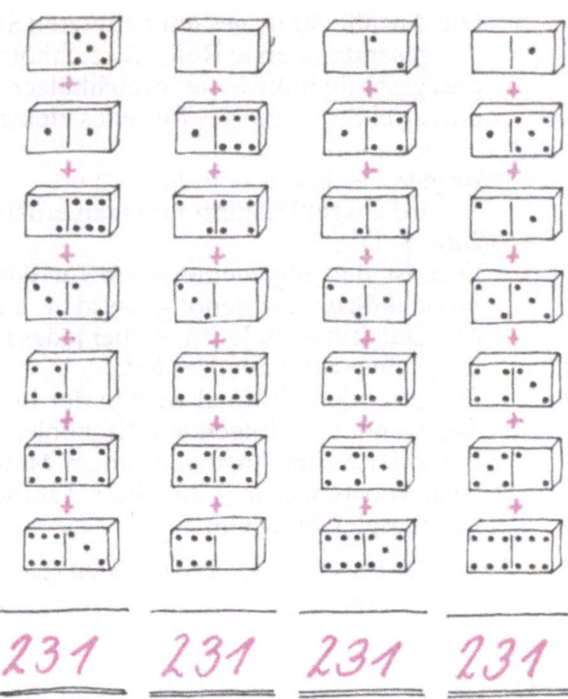

115. Siehe Abbildung!

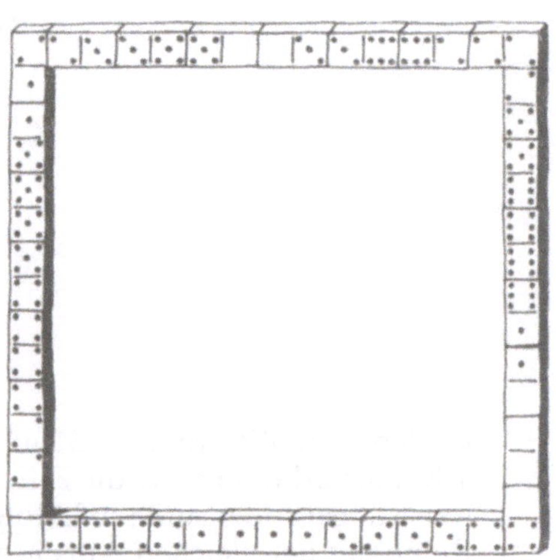

114. Siehe Abbildung!

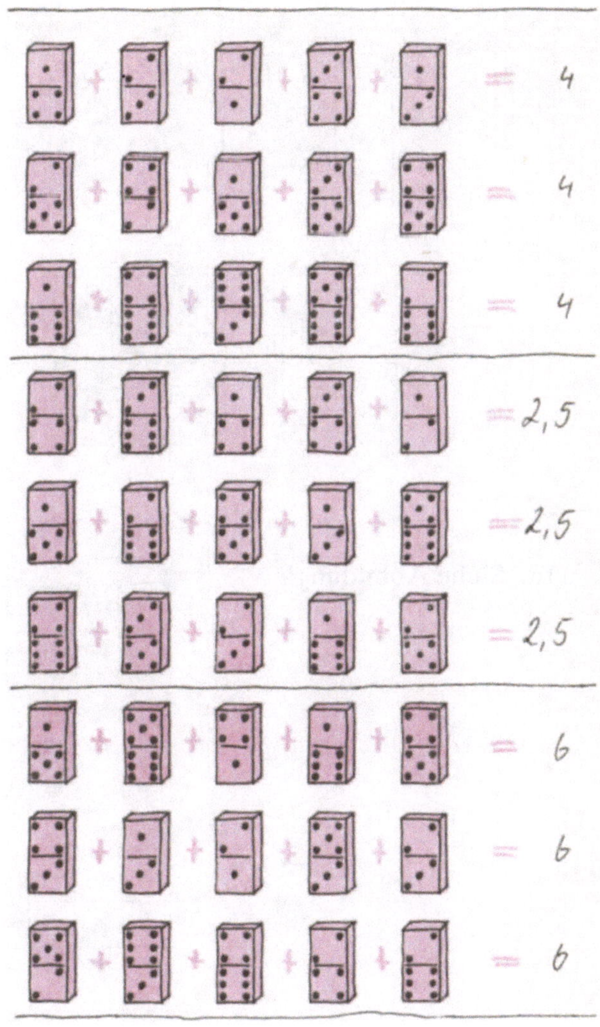

116. Siehe Abbildung!

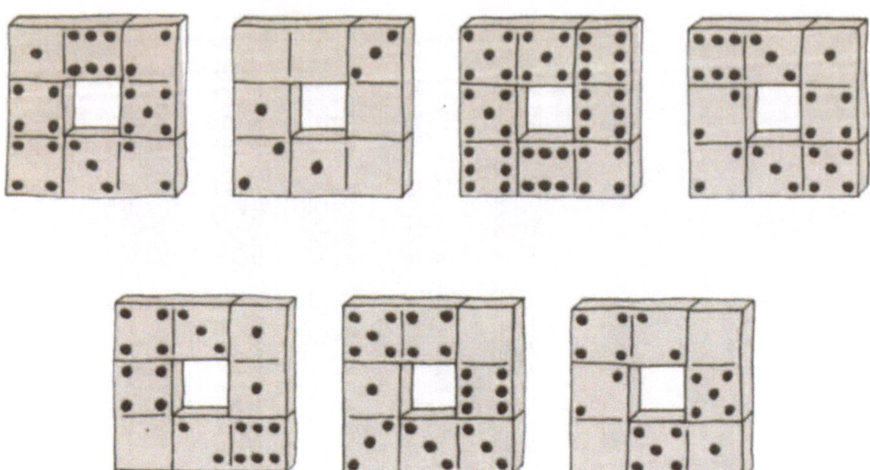

117. Siehe Abbildung!

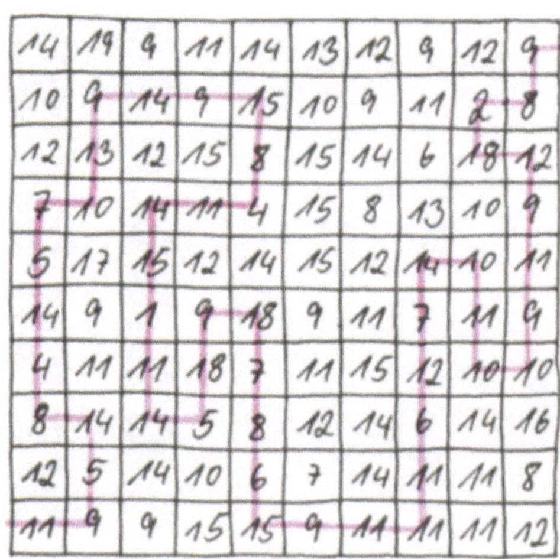

176

118. Siehe Abbildung!

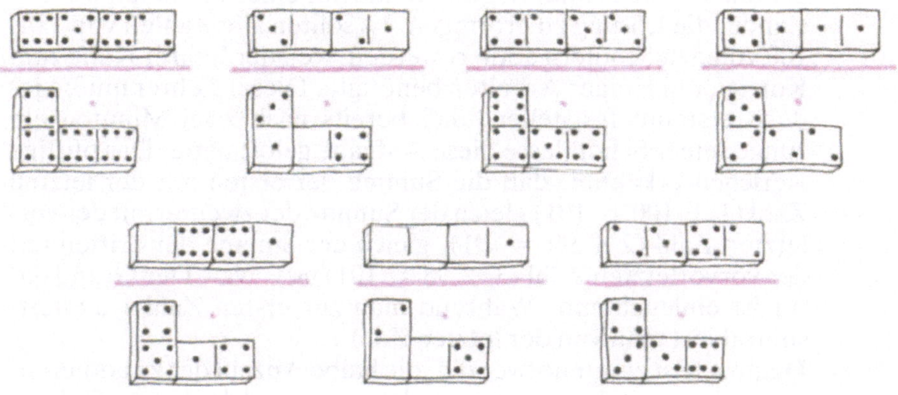

119. Siehe Abbildung!

120. Wer die Lösung der Aufgabe nicht gefunden hat, braucht nicht
zu verzagen, denn eine ähnliche Aufgabe wurde einmal in einer
Schulklasse den Kindern gestellt und nur eines von ihnen war im-
stande, die Lösung zu erbringen. Es sollten alle Zahlen von 1 bis
100 von den Schülern addiert werden, weil der Lehrer Ruhe zum
Korrigieren einiger Arbeiten benötigte. Dieser Lehrer mußte jedoch erstaunt feststellen, daß bereits nach zwei Minuten ein
Junge seiner Schulklasse diese Aufgabe gelöst hatte. Das pfiffige
Kerlchen erkannte, daß die Summe der ersten mit der letzten
Zahl (1 + 100 = 101) gleich der Summe der zweiten mit der vor-
letzten Zahl (2 + 99 = 101), gleich der Summe der dritten mit
der vorvorletzten Zahl (3 + 98 = 101) usw. war. Der Grund dafür ist einleuchtend. Während man zur ersten Zahl 1 addiert,
subtrahiert man von der letzten Zahl 1.
Demnach ist es nur notwendig, die halbe Anzahl der zu addierenden Zahlen mit der Summe aus der ersten und der letzten Zahl zu
multiplizieren. Also:
100 : 2 = 50 (= die halbe Anzahl der zu addierenden Zahlen)
50 · (1 + 100) = 50 · 101 = 5050.
Der Junge, der diese Lösung für das ihm gestellte Problem fand,
war der später berühmte Mathematiker, Physiker und Astronom
Karl Friedrich Gauß (1777 bis 1855).
Wird nun die Erkenntnis des jungen Gauß auf die Aufgabe bezogen, so ist zu schlußfolgern, daß man ebenfalls nur die Zahlen 1
bis 6000 addieren muß, um die Anzahl der benötigten Dominosteine festzustellen. Nach dem erläuterten Verfahren ergibt sich
folgende Rechnung:
6000 : 2 = 3000 (= halbe Anzahl der zu addierenden Zahlen)
3000 · (1 + 6000) = 3000 · 6001 = 18003000 Dominosteine!

Quellenverzeichnis

Dudeney, H.: The Canterbury puzzles. – New York: Dover Publications, Inc., 1958
Freyer, K.: Gut gedacht ist halb gelöst. – Leipzig; Jena; Berlin: Urania-Verlag, 1972
Görke, L. u. a.: Rund um die Mathematik. – Berlin: Kinderbuchverlag, 1975
Hódi, E. (Hrsg.): Mathematisches Mosaik. – Köln: Aulis Verlag Deubner & Co. KG.,
   1977
Hoffmann, A.: Miscellaneous Puzzles. – London; New York:
   Verl. Frederick Warne & Co., 1898
Kordemski, B. A.: Köpfchen, Köpfchen. – Leipzig; Jena; Berlin: Urania-Verlag, 1963
Rechberger, K.: Knobeleien + Denksport. – Niedernhausen:
   Falken-Verlag GmbH., 1977